中国新农科水产联盟"十四五"规划教材
教育部首批新农科研究与改革实践项目资助系列教材
水产类专业实践课系列教材
中国海洋大学教材建设基金资助

养殖水环境工程学实验

董登攀　宋协法　主编

U0189552

中国海洋大学出版社

·青岛·

图书在版编目（CIP）数据

养殖水环境工程学实验／董登攀，宋协法主编 . —青岛：中国海洋大学出版社，2021.11

水产类专业实践课系列教材／温海深主编

ISBN 978-7-5670-3013-8

Ⅰ.①养… Ⅱ.①董… ②宋… Ⅲ.①水产养殖—水环境—实验—教材 Ⅳ.①S912-33

中国版本图书馆CIP数据核字（2021）第234728号

出版发行	中国海洋大学出版社
社　　址	青岛市香港东路 23 号　　邮政编码　266071
网　　址	http://pub.ouc.edu.cn
出 版 人	刘文菁
责任编辑	魏建功　丁玉霞
电　　话	0532-85902121
电子信箱	wjg60@126.com
印　　制	青岛国彩印刷股份有限公司
版　　次	2022 年 12 月第 1 版
印　　次	2022 年 12 月第 1 次印刷
成品尺寸	170 mm×230 mm
印　　张	8.75
字　　数	138 千
印　　数	1—2 000
定　　价	42.00 元
订购电话	0532-82032573（传真）

发现印装质量问题，请致电 0532-58700166，由印刷厂负责调换。

总前言

2007—2012 年，按照教育部"高等学校本科教学质量与教学改革工程"的要求，结合水产科学国家级实验教学示范中心建设的具体工作，中国海洋大学水产学院组织相关教师主编并出版了水产科学实验教材 6 部，包括《水产动物组织胚胎学实验》《现代动物生理学实验技术》《贝类增养殖学实验与实习技术》《浮游生物学与生物饵料培养实验》《鱼类学实验》《水产生物遗传育种学实验》。这些实验教材在我校本科教学中发挥了重要作用，部分教材作为实验教学指导书被其他高校选用。

这么多年过去了，如今这些实验教材内容已经不能满足教学改革需求。另外，实验仪器的快速更新客观上也要求必须对上述教材进行大范围修订。根据中国海洋大学水产学院水产养殖、海洋渔业科学与技术、海洋资源与环境 3 个本科专业建设要求，结合教育部《新农科研究与改革实践项目指南》内容，我们对原有实验教材进行优化，并新编了 4 部实验教材，形成了"水产类专业实践课系列教材"。这一系列教材集合了现代生物、虚拟仿真、融媒体等先进技术，以适应时代和科技发展的新形势，满足现代水产类专业人才培养的需求。2019 年，8 部实验教材被列入中国海洋大学重点教材建设项目，并于 2021 年 5 月验收结题。这些实验教材不仅满足我校相关专业教学需要，也可供其他涉海高校或农业类高校相关专业使用。

本次出版的 10 部实验教材均属中国新农科水产联盟"十四五"规划教材。教材名称与主编如下：

《现代动物生理学实验技术》（第 2 版）：周慧慧、温海深主编；

《鱼类学实验》（第 2 版）：张弛、于瑞海、马琳主编；

《水产动物遗传育种学实验》：郑小东、孔令锋、徐成勋主编；

《水生生物学与生物饵料培养实验》：梁英、薛莹、马洪钢主编；

《植物学与植物生理学实验》：刘岩、王巧晗主编；

《水环境化学实验教程》：张美昭、张凯强主编；

《海洋生物资源与环境调查实习》：纪毓鹏、任一平主编；

《养殖水环境工程学实验》：董登攀、宋协法主编；

《增殖工程与海洋牧场实验》：盛化香、唐衍力主编；

《海洋渔业技术实验与实习》：盛化香、黄六一主编。

编委会

前言

　　水产养殖环境工程学是水产学科的一个新兴分支学科，是综合运用环境科学、工程学、生物学和其他相关学科的理论与方法，研究保护和合理利用水产养殖环境中的自然资源，控制养殖水环境的污染与破坏，改善水产养殖环境，使养殖对象得以健康生存、生长，保证水产养殖业持续发展的学科。工厂化循环水养殖具有节水、节地、高密度集约化和环境可控等特点，符合可持续发展的理念，是未来社会工业化的发展趋势以及世界先进养殖模式的发展水平预示，工厂化循环水养殖将是未来水产养殖的重要模式。

　　养殖水环境工程学实验依据水产养殖环境工程学的基本理论，聚焦工厂化循环水养殖模式开展实践拓展教学，以期进一步提高学生的实践能力和分析解决问题的能力，促进学生创新思维的形成，提高学生对科学研究的兴趣。

　　本教材共分为绪论、基础性实验、综合性实验、设计性实验、研究性实验等5部分，27个实验。绪论部分主要介绍了养殖水环境工程学实验的课程目标、课程设计思路、实验室规则、实验室安全须知、实验记录及报告撰写等；基础性实验部分包括pH、氨氮、总有机碳、固体颗粒等12个养殖水环境常用指标的测定实验；综合性实验部分包括循环水养殖系统物理过滤设备、生物过滤装置、杀菌消毒装置、增氧设备效率的测定等 7 个实验；设计性实验部分包括生物滤池设计、杀菌消毒装置设计、增氧系统设计、循环水养殖系统设计等 4 个实验；研究性实验部分主要介绍了研究性实验的基本程序，并列出了固体颗粒粒径对养殖对象、物理过滤设备的影响研究，生物过滤装置微生物群落结构动态变化研究等 4 个研究性实验。

教材编写由浅入深、由易到难、循序渐进，基础性实验注重实验基础知识的锤炼；综合性实验培养学生解决具体问题的能力；设计性实验突出水产养殖学、环境科学、工程学等学科的交叉，培养学生综合运用所掌握的知识进行工程设计的能力；研究性实验旨在提升学生创新思维，提高学生对科学研究的兴趣。本书既可作为海洋渔业科学与技术、水产养殖等专业本科生的实验教材，又可作为高等职业教育、成人教育、科技工作者、生产单位技术人员的参考书。

本书编写过程中参阅了国内外有关文献。限于编者水平，书中不足之处在所难免，恳请读者批评指正。

编　者

2020 年 9 月

目录

CONTENTS

第三部分 综合性实验

第四部分 设计性实验

第五部分 研究性实验

第一部分

绪论

养殖水环境工程学实验总论

实验室规则

实验室安全须知

实验记录及报告撰写

养殖水环境工程学实验总论

一、课程简介

本实验课程为海洋渔业科学与技术专业必修专业课养殖水环境工程学的实践拓展课程，主要依据水产养殖环境工程的基本理论，开展影响水产养殖水质的主要指标检测、水处理设备（物理过滤装置及生物过滤装置）设计和运行监控、水处理系统整体设计流程实验，突出水产养殖学、环境科学、工程学等学科间的交叉和水产养殖环境工程基本理论的实践应用。

二、课程目标

本实验课程旨在使学生掌握反映水产养殖水质的主要指标的测定方法，掌握主要的水处理设备的设计过程和运行监控方法，掌握水处理系统的整体设计流程；增强学生的实践能力；培养与本学科密切相关的基本技能（仪器操作、水处理设备操作、工程设计等）；巩固专业知识，训练实验思维，掌握相关实验技术，发现科学问题，解决科学问题，具备一定的科研能力，为以后的科研工作和生产实践打下基础。同时实验课程学习使学生更为直观、深刻地认识到循环水养殖具有节水、节地、环境美好的优点，有别于传统的粗放式养殖模式，是未来我国乃至世界水产养殖产业的发展趋势，对于保护生态环境，建设美丽中国具有现实意义；帮助学生增强服务大农业的使命感和责任感，为祖国培养爱水产、知水产的科技创新人才。

三、课程设计思路

1.基础性实验

针对海洋渔业科学与技术专业本科生化学基础薄弱、甚至"零基础"的特点，开展固体颗粒测定、主要水质指标测定等基础实验，夯实化学实验基础；同时，培养学生的实验兴趣；印证专业理论知识，夯实学生的基础知识。

2.综合性实验

鼓励学生自己动手，开展固体颗粒去除设备（蛋白质分离器、旋流分离器、高速压力砂滤罐、微滤机）效果评价、增氧装置效果评价等综合性实验。锻炼学生对固体颗粒去除设备、常规实验仪器设备的操作能力，使学生掌握相关实验技术，培养学生解决具体问题的能力，并以实验报告的形式对实验进行总结。

3.设计性实验

开展生物过滤装置设计、水处理系统及工艺设计等设计实验，进一步提高学生对养殖水处理系统的理解和认知，将水产养殖学、环境科学、工程学等学科知识融会贯通。

4.研究性实验

应用激光粒度仪、TOC分析仪、原子吸收分光光度计等科研仪器设备，学生以 3 ~ 4 人为一课题组，针对养殖系统中固体颗粒的粒径及分布、总有机碳、重金属的富集及迁移等科学问题，自主设计实验研究项目并实施，以课程论文为标志成果。

这 4 种类型实验的设计由浅入深、由易到难、循序渐进，使学生掌握基础实验技能并逐步培养实验思维，引导学生建立创新思维，培养学生具体问题具体分析、科学解决问题的能力。

实验室规则

（1）每位同学都应该自觉地遵守课堂纪律，维护课堂秩序。不迟到，不早退，不大声谈笑。

（2）在实验过程中要听从教师的指导，严肃认真地按操作规程进行实验，并简要准确地将实验结果和数据记录在实验记录本上。

（3）环境和仪器的清洁整齐是做好实验的重要条件。实验台面、试剂柜必须保持整洁，仪器、试剂摆放要井然有序。公用试剂用毕应立即放回原处。实验完毕，需将玻璃器皿洗净放好，实验台面抹拭干净，经教师认可后，方可离去。

（4）爱护仪器，节约试剂。保持试剂的纯净，严防混杂。使用仪器时，应小心仔细，防止损坏仪器。使用仪器时，应严格遵守操作规程。发现故障立即报告教师，不要自己动手检修。

（5）实验中务必注意安全。实验室内严禁吸烟，煤气灯应随用随关，做到"火着人在，人走火灭"。有机溶剂等易燃品不能直接使用明火加热，并要远离火源操作和放置，实验完毕，应立即关好煤气阀和水龙头，拉下电闸。离开实验室前应认真负责地进行检查，严防不安全事故的发生。

（6）废弃液体（强酸强碱液必须先用水稀释）可倒入水槽内，同时放水冲洗。废纸、火柴头及其他固体废弃物和带有渣滓沉淀的废弃物都应倒入废品缸内，不能倒入水槽或到处乱扔。

（7）仪器损坏时，应如实向教师报告，认真填写损坏仪器登记表。

（8）实验室一切物品，未经本实验室教师批准严禁携出室外。借物必须办理登记手续。

（9）对实验的内容和安排不合理的地方可提出改进意见，对实验中出现的一切反常现象应进行讨论，并大胆提出自己的看法。

（10）每次实验课由班长安排同学轮流值日，值日生要负责当天实验室的卫生、安全等一切服务性的工作。

实验室安全须知

一、水电事故应急处理方案

1. 溢水事故应急处理方案

立即关闭水阀，切断溢水区域电源，组织人员清扫地面积水，移动浸泡物资，尽量减少损失。

2. 触电事故应急处理方案

立即切断电源或拔下电源插头，若来不及切断电源，可用绝缘物挑开电线。在未切断电源之前，切不可用手去拉触电者，也不可用金属或潮湿的东西挑电线。触电者脱离电源后，使其就地仰面躺平，禁止摇动其头部。检查触电者的呼吸和心跳情况，呼吸停止或心脏停跳时应立即施行心肺复苏术——人工呼吸或胸外心脏按压，并尽快联系医疗部门救治。

二、火灾爆炸事故应急处理方案

（1）确定事故发生的位置，明确事故周围环境，判断是否有重大危险源分布及是否会带来次生灾难发生。

（2）依据可能发生的事故危害程度，划定危险区域，对事故现场及周边区域进行隔离和人员疏导。

（3）如需要进行人员、物资撤离，要按照"先人员、后物资，先重点、后一般"的原则抢救被困人员及贵重物资。

（4）根据引发火情的不同原因，明确救灾的基本方法，采用适当的消防器材进行扑救。

木材、布料、纸张、橡胶以及塑料等固体可燃材料火灾，可采用水冷却法，但对珍贵图书、档案应使用二氧化碳、卤代烷、干粉灭火器灭火。

易燃和可燃液体、易燃气体、油脂类等化学药品火灾，使用泡沫灭火器、干粉灭火器扑救。

设备火灾，应切断电源再灭火；因现场情况及其他原因，不能断电，需要带电灭火时，应使用干砂或干粉灭火器，不能使用泡沫灭火器或水。

可燃金属，如镁、钠、钾及其合金等引发的火灾，应用特殊的灭火器，如干砂或干粉灭火器等扑救。

（5）视火情拨打"119"报警求救，并到明显位置引导消防车。

三、化学性污染事故应急处理方案

（1）发生危险化学物质灼伤皮肤事故，应用大量流动清水冲洗，再分别用低浓度的弱碱（强酸引起的）、弱酸（强碱引起的）进行中和。如果大量危险气体、烟、雾或蒸汽被释放，应该待在通风处或尽可能远离空气中有危险化学物质的地方。视情况的轻重将伤者送医院就医。

（2）若危险化学物质溅入眼内时，立即使用专用洗眼水龙头彻底冲洗眼睛，冲洗时，眼睛置于水龙头上方，使水向上对眼睛进行冲洗，时间应不少于 15 min，切不可因疼痛而紧闭眼睛，处理后，再送医院治疗。

（3）发生人员中毒事故，视中毒原因进行以下急救后，立即送医院治疗。

对吸入中毒者，迅速将中毒人员搬离中毒场所至空气新鲜处；立即松解中毒人员衣领和腰带，以维持呼吸道畅通，并注意保暖；严密观察中毒人员的身体状况，尤其是神志、呼吸和循环系统功能。

经皮肤中毒者，将中毒人员立即移离中毒场所，脱去污染衣服，迅速用清水洗净皮肤，黏稠的毒物则要用大量肥皂水冲洗；遇水能发生反应的腐蚀性毒物如三氯化磷等，则先用干布或棉花抹去后再用水冲洗。

对误食中毒者，必须立即引吐，视情况可用 0.02% ～ 0.05% 高锰酸钾溶液或 5% 活性炭溶液等催吐；或让中毒者大量饮用温开水、稀盐水或牛奶并反复自行催吐，以减少毒素的吸收。

（4）发生危险化学品泄漏，现场人员应立即向实验室负责人汇报，简要报告事故地点、类别和状况；及时组织现场人员迅速撤离，同时设置警戒区，对泄漏区域进行隔离，严格控制人员进入；控制危险化学品泄漏的扩散，在事故发生区域内严禁火种，严禁开关电闸和使用手机等；进入事故现场的抢险救灾人员需佩戴必要的防护用品，视化学品的性质、泄漏量大小及现场情况，分别采取相应的处理手段；如有伤者，需及时送医院救治。

四、机械伤害事故应急处理方案

（1）立即关闭机械设备，停止现场作业。

（2）如遇到人员被机械卡住的情况，可直接拨打"119"，由消防队来实施解救行动。

（3）将伤员放置在平坦的地方，实施现场紧急救护。轻伤员应送医务室治疗，之后再送医院检查；重伤员和危重伤员应立即拨打"120"急救电话送医院抢救。若出现断肢、断指等，应立即用冰块等封存断肢、断指，与伤者一起送至医院。

（4）查看周边其他设施，防止因机械破坏造成漏电、高空跌落、爆炸事故的发生，防止事故进一步蔓延。

五、病原微生物感染应急处理方案

（1）如果病原微生物泼溅在实验人员皮肤上，立即用75%酒精或碘伏消毒，然后用清水冲洗。

（2）如果病原微生物泼溅在实验人员眼内，立即用生理盐水或洗眼液冲洗，然后用清水冲洗。

（3）如果病原微生物泼溅在实验人员的衣服、鞋帽上或实验室桌面、地面，立即选用75%酒精、碘伏、0.2%～0.5%（体积分数）过氧乙酸、500～1 000 mg/L有效氯消毒液等进行消毒。

实验记录及报告撰写

一、实验记录

实验课前应认真预习，将实验名称、目的和要求、原理、实验内容、操作方法和步骤简单扼要地写在记录本中。

实验记录本应标上页数，不要撕去任何一页，更不要擦抹和涂改，写错时可以准确地划去重写，记录时必须使用钢笔或圆珠笔。

实验中观察到的现象、结果和数据，应该及时地直接记在记录本上，绝对不可以用单片纸做记录或打草稿。原始记录必须准确、简练、详细、清楚。从实验课开始就应养成这种良好的习惯。

记录时，应做到正确记录实验结果，切忌夹杂主观因素，这是十分重要的。在实验条件下观察到的现象，应如实、仔细地记录下来。在定量实验中观测的数据，如称量物的质量、滴定管的读数、测温计的读数等，都应设计一定的表格记录读数，并根据仪器的精确度准确记录有效数字。例如，pH 为 5.0 不应写成 5。每一个结果最少要重复观测两次，当符合实验要求并确知仪器正常工作后再写在记录本上。实验记录本上的每一个数据值反映每一次的测量结果。所以，重复观测时即使数据完全相同也应如实记录下来。总之，实验的每个结果都应正确无遗漏地做好记录。

实验中所用仪器的型号以及试剂的规格、化学式、相对分子质量、准确的浓度等，都应记录清楚，以便于撰写实验报告并作为分析实验成败原因的参考依据。

如果记录的结果可疑或者遗漏、丢失等，都必须重做实验。将不可靠的结果当作正确的记录，在实际工作中可能造成难以估量的损失。所以，在学习期间就应一丝不苟，努力养成严谨的作风。

二、数据处理

对实验中所得到的一系列数据，采取适当的处理方法进行整理、分析，才能准确地反映出被研究对象的数量关系。实验中常用列表法或作图法处理实验数据，这样不仅可以清楚明了地展示实验结果，还可以有效减小实验误差。

1. 列表法

将实验所得数据值用适当的表格列出，并表示出它们之间的关系。通常将数据的名称和单位写在标题栏中，表内只填写数字。数据应该正确反映测定的有效数字，必要时应计算出误差值。

2. 作图法

实验所得到的一系列数据之间的关系及其变化情况，可以用图线直观地表现出来。作图时通常先在坐标纸上确定坐标轴，标明轴的名称和单位，然后将各数值点用"+"或"×"标注在图纸上。再用直线或曲线把各点连接起来。图线必须是很平滑的，可以不通过所有的点，但要求线两旁偏离的点分布较均匀。在画线时，个别偏离过大的点应当舍去，或重复实验进行校正。采用作图法时至少要有 5 个点，否则没有意义。

三、实验报告撰写

实验报告的撰写是实验课程的基本训练之一。实验结束后，应及时整理和总结实验结果，撰写实验报告。应以科学的态度，认真、严肃地对待实验报告的撰写，以便为以后撰写科研论文打下良好基础。

1. 纸质实验报告的撰写

下面列举实验报告的主要内容供参考。

（1）注明姓名、专业、组别、日期。

（2）实验目的和要求。

（3）实验内容。

（4）实验原理。

（5）试剂配制及使用仪器。

（6）实验操作方法。

（7）实验结果。

（8）讨论与结论。

在实验报告中，目的和要求、原理以及操作方法部分应简单扼要地叙述，但是对于实验条件（试剂配制及使用仪器）和操作的关键环节必须写清楚。对于实验结果部分，应根据实验课的要求将一定实验条件下获得的实验数据进行整理、归纳、分析和对比，并尽量总结成各种图表，如原始数据及其处理的表格、标准曲线图，以及比较实验组与对照组实验结果的图表等。

另外，还应针对实验结果进行必要的说明和分析，讨论部分可以包括关于实验方法（或操作技术）和实验相关的一些问题，如对实验结果或异常现象进行探讨；对实验设计的认识、体会和建议；对实验课的改进意见等。讨论是根据所学到的理论知识，对实验结果进行科学的分析和解释，并判断实验结果是否是预期的。如果出现非预期实验结果，应分析其可能的原因。讨论是实验报告的核心部分，可以帮助学生提高独立思考和分析问题的能力。不应该盲目抄袭书本内容，提倡学生提出自己创新性的见解和认识，但必须是严肃、认真和有科学依据的。

结论是从实验结果和讨论中归纳出的一般性判断，即是对这一实验所验证的基本概念、原理或理论的简要说明和总结，结论的书写应该简明扼要。

2. 无纸化实验报告

在实验前建立自己的文件夹并填写实验信息表，实验结束时将实验项目、步骤、结果、讨论与结论，以及记录的图表内容存入其中。实验教师根据实验报告、操作过程等综合评定成绩。

第二部分

基础性实验

pH的测定

一、实验目的

（1）了解用直接电位法测定溶液pH的原理和方法。

（2）掌握pH计的使用方法。

二、实验原理

pH是溶液中氢离子活度的负对数，是最常用的水质指标之一。

溶液的pH通常用pH计进行测定。pH计以玻璃电极为指示电极，饱和甘汞电极为参比电极。将电极插入溶液中形成原电池，在25℃时，每单位pH相当于59.1 mV电动势变化值，即电动势每改变59.1 mV，溶液的pH相应改变一个单位，可在仪器上直接读出pH。pH计具有温度补偿功能，用来修正由于标准缓冲溶液在标定时的温度（25℃）与实际样品溶液温度不同引起的偏差。本实验采用复合电极代替玻璃电极和饱和甘汞电极使用。

在实际工作中，当用pH计测定溶液的pH时，经常用已知pH的标准缓冲溶液来校正pH计（也叫"定位"）。校正时应选用与被测溶液的pH接近的标准缓冲溶液，以减少在测量过程中可能由于液接电位、不对称电位以及温度等变化而引起的误差。校正后的pH计，可直接测量水或其他低酸碱度溶液的pH。

三、教学重点与难点

教学重点：pH计的使用。

教学难点：pH计的使用。

四、实验学时数

实验学时数：2学时。

五、实验准备

1.仪器

pH计、pH复合电极。

2.试剂

（1）苯二甲酸氢钾（$KHC_8H_4O_4$）标准缓冲溶液：$c_{KHC_8H_4O_4}$=0.05 mol/L（25℃时，pH_s= 4.003）。

（2）0.025 mol/L磷酸二氢钾（KH_2PO_4）和0.025 mol/L磷酸氢二钠（Na_2HPO_4）混合标准缓冲溶液（25℃时，pH_s=6.864）。

（3）0.008 695 mol/L磷酸二氢钾（KH_2PO_4）和0.030 43 mol/L磷酸氢二钠（Na_2HPO_4）混合标准缓冲溶液（25℃时，pH=7.413）。

（4）硼砂标准缓冲溶液：$c_{Na_2B_4O_7 \cdot 10H_2O}$=0.010 mol/L（25℃时，$pH_s$= 9.182）。

六、实验过程

（1）接通仪器电路，预热20 min。将"pH-mV"选择开关置于"pH"位置。

（2）装上烧杯架、电极夹等，将复合电极固定在夹子上，电极接入相应的插孔和接线柱上。

（3）用水淋洗电极，经滤纸吸干后，电极移入定位的标准缓冲溶液中。

（4）定位。在测试样品前，要首先用标准缓冲溶液标定。选择pH与待测溶液的pH相近的标准缓冲溶液作为定位溶液。如果不知被测溶液的大概范围时，选用磷酸盐标准缓冲溶液。定位步骤如下：

1）使仪器温度补偿器的刻度与溶液的温度一致。

2）仪器调零，使之显示于 ±0 之间。

3）按下"读数"开关，调节"定位器"，使显示读数为该温度下的pH（由表2-1-1中查得）。注意定位时，必须使电极电位充分平衡稳定。

表 2-1-1　0 ~ 45℃标准缓冲溶液的pH

温度/℃	苯二甲酸氢钾标准缓冲溶液试剂（1）	磷酸盐混合标准缓冲溶液试剂（2）	磷酸盐混合标准缓冲溶液试剂（3）	硼砂标准缓冲溶液试剂（4）
0	4.006	6.981	7.534	9.458
5	3.999	6.949	7.500	9.391
10	3.996	6.921	7.472	9.330
20	3.998	6.879	7.429	9.226
25	4.003	6.864	7.413	9.182
30	4.010	6.852	7.400	9.142
35	4.019	6.844	7.389	9.105
40	4.029	6.838	7.380	9.072
45	4.042	6.834	7.373	9.042

（5）样品的测定。

1）移上电极，用蒸馏水淋洗电极末端，然后用滤纸吸干水分，插入待测溶液，不时旋动盛溶液的烧杯，使电极电位充分平衡。

2）使仪器"温度补偿器"的刻度与被测溶液的温度一致。

3）仪器调零，按下"读数开关"，读取被测样品的pH，放开"读数开关"，记录数据。

4）如果仪器使用2 ~ 3 h，或者温度变化超过2℃时需重新定位。

（6）实验完毕，首先清洗电极头，套好电极保护帽，放回电极盒中；然后仪器回零，关闭仪器开关。

七、注意事项

（1）取下电极保护帽后应注意，在塑料保护栅内的敏感玻璃泡不要与硬物接触，任何破损和毛刺都会使电极失效。

（2）测量完毕，不用时应将电极保护帽套上，帽内应有少量的补充液，使玻璃电极球部保持湿润。

（3）复合电极的引出端必须保持清洁和干燥，绝对防止输出两端短路，否则将导致测量结果失准。

八、思考题

（1）电位法测水溶液pH的原理是什么？

（2）pH计为什么要用已知pH的标准缓冲溶液校正？校正时要注意什么问题？

（3）安装电极时，应注意哪些事项？

（4）有色溶液或混浊溶液的pH是否可以用pH计测定？

实 验 2

电导率的测定

一、实验目的

（1）了解电导率仪的使用原理和方法。

（2）学习电极的维护。

（3）掌握电导率的测定方法。

二、实验原理

将两个电极（通常为铂电极或铂黑电极）插入溶液中，可以测出两电极间的电阻（R）。根据欧姆定律，温度一定时，电阻值与电极的间距（L，cm）成正比，与电极的截面积（A，cm^2）成反比，即 $R = \rho \dfrac{L}{A}$。由于电极面积（A）与间距（L）都是固定不变的，故 $\dfrac{L}{A}$ 是一常数，称电极常数（用 K 表示）。比例常数（ρ）叫作电阻率。其倒数 $\dfrac{1}{\rho}$ 称为电导率，用 κ 表示。用 G 表示电导，反映导电能力的强弱。电导和电阻成反比，即 $G = \dfrac{1}{R}$，所以，$\kappa = KG$。当电极常数已知，测出电阻后，即可求出电导率。

三、教学重点与难点

教学重点：欧姆定律；电导率仪的使用；电导率的测定方法。

教学难点：电导率仪的使用。

四、实验学时数

实验学时数：2 学时。

五、实验准备

1. 仪器

电导率仪、光亮电极、铂黑电极、超级恒温器等。

2. 试剂

0.01 mol/L 氯化钾（KCl）标准溶液。称取经 500～600℃灼烧至恒重的氯化钾 0.745 6 g，溶于新煮沸放冷的去离子水中，全量移入 1 000 mL 容量瓶中，用去离子水稀释至标线，摇匀，贮于塑料瓶中。

六、实验过程

1. 电极常数的测定

取 4 份 0.01 mol/L 氯化钾标准溶液，每份约 40 mL，分别放入 50 mL 塑料烧杯中。将烧杯放入恒温器中，使溶液温度恒定在（25±0.1）℃。

按仪器使用说明书接好电极并预热 0.5 h 后校正零点和满度。

用前 3 个温度已恒定的氯化钾标准溶液浸泡并冲洗电极，用第 4 个温度已恒定在 25℃的氯化钾标准溶液测其电导（G），查表得知 25℃时 0.01 mol/L 氯化钾标准溶液电导率κ=0.141 S/m，代入公式：

$$K = \frac{\kappa}{G} \qquad\qquad （2-2-1）$$

式中，κ——溶液的电导率（S/m）；

　　　K——电极常数（m^{-1}）；

　　　G——溶液电导（S）。

2. 水样的测定

取约 40 mL 水样于 50 mL 塑料烧杯中，放入恒温器内。待水样温度达到 25℃时，将事先用水样淋洗数次的电极放入水样中，测其电导，代入公式（2-

2-1）计算电导率。

七、结果与计算

25℃时，水样的电导率（κ）按式（2-2-2）计算：

$$\kappa = KG \qquad\qquad (2-2-2)$$

式中，K——电极常数（m^{-1}）；

G——25℃时水样的电导（S）。

若没有温度控制，可测量水样温度，按式（2-2-3）将测量的电导率换算为25℃时的电导率：

$$\kappa_t = \frac{KG_t}{[1-\beta(t-25)]} \qquad\qquad (2-2-3)$$

式中，t——水样的温度（℃）；

κ_t——t℃时水样的电导率（S/m）；

G_t——t℃时测得的电导（S）；

β——温度校正系数（通常情况下β近似等于0.02）。

八、注意事项

（1）电极应定期进行常数标定。

（2）电极的插头、引线应保持干燥。在测量高电导（即低电阻）时应使插头接触良好，以减小接触电阻。

（3）在测量高纯水时应避免污染，最好采用密封、流动的测量方式。

（4）为确保测量精度，电极使用前应用电导率小于0.5 μS/cm的蒸馏水（或去离子水）冲洗两次，然后用待测溶液冲洗3次。

（5）在测量过程中需要重新校正仪器，只需将量程开关置校正档即可，而不必将电极插头拔出，也不必将电极从待测液中取出。

（6）干扰及消除：样品中含有的粗大悬浮物质、油和脂，若对测定有干扰，应过滤或萃取除去。

九、思考题

（1）测定溶液的电导率的原理是什么？

（2）安装电极时，应注意哪些事项？

实 验 3

溶解氧的测定

一、实验目的

（1）熟练掌握移液管、滴定管的使用方法。

（2）掌握碘量法测定溶解氧的原理、方法和适用范围。

（3）了解其他测定溶解氧的方法以及适用范围。

（4）掌握滴定终点的控制方法。

二、实验原理

溶解在水中的分子态氧称为溶解氧。天然水的溶解氧含量取决于水体与大气中氧的平衡。溶解氧的饱和浓度和空气中氧的分压、大气压力、水温有密切关系。测定水中溶解氧常采用碘量法及其修正法和膜电极法。清洁水中的溶解氧可直接采用碘量法测定。

碘量法测定溶解氧的原理：水样中加入氯化锰和碱性碘化钾，水中溶解氧将低价锰氧化成高价锰，生成四价锰的氢氧化物棕色沉淀。加酸后，氢氧化物沉淀溶解并与碘离子反应释放出游离碘。以淀粉作指示剂，用硫代硫酸钠滴定释放出的碘，可计算溶解氧的含量。

三、教学重点与难点

教学重点：溶解氧的固定与析出操作，移液管、滴定管的使用，滴定终点的控制。

教学难点：溶解氧的固定与析出操作，滴定终点的控制。

四、实验学时数

实验学时数：2 学时。

五、实验准备

1. 仪器

碘量瓶、移液管、滴定管、量筒、吸管、锥形烧瓶等。

2. 试剂

（1）氯化锰溶液：称取 210 g 四水氯化锰（$MnCl_2 \cdot 4H_2O$），溶于水，并稀释至 500 mL。

（2）碱性碘化钾溶液：称取 250 g 氢氧化钠（NaOH），在搅拌下溶于 250 mL 水中，冷却后，加入 75 g 碘化钾（KI），稀释至 500 mL，盛于具橡皮塞的棕色试剂瓶中。

（3）硫酸溶液：在搅拌下，将 50 mL 浓硫酸（H_2SO_4，$\rho=1.84$ g/mL）小心地加到同体积的水中，混匀，盛于试剂瓶中。

（4）硫代硫酸钠溶液：$c_{Na_2S_2O_3 \cdot 5H_2O}=0.01$ mol/L。

（5）淀粉溶液：5 g/L。

六、实验步骤

1. 水样的固定

打开碘量瓶瓶塞，立即用移液管（管尖插入液面）依序注入 1.0 mL 氯化锰溶液和 1.0 mL 碱性碘化钾溶液，塞紧瓶塞（瓶内不准有气泡），按住瓶塞将瓶上下颠倒不少于 20 次。

2. 游离碘

样品固定后约 1 h 或沉淀完全后打开瓶塞（若在碘量瓶中全量滴定，则勿摇动沉淀，小心地虹吸出上部澄清液），立即用移液管注入 1.0 mL 硫酸溶液。

塞好瓶塞，反复颠倒样品瓶至沉淀全部溶解。

3. 滴定

静置 5 min，小心打开碘量瓶瓶塞，量取 100 mL（或适量）经上述处理后的水样，移入锥形瓶中（若全量滴定，可不移入锥形瓶），并顺瓶壁轻轻放入一个玻璃磁转子，将锥形瓶置于滴定台上。将已标定的硫代硫酸钠溶液注满酸式滴定管，开动电磁搅拌器，进行滴定。待溶液呈淡黄色时，加 1 mL 淀粉溶液，继续滴定至蓝色刚刚褪去。将滴定管读数记于溶解氧分析记录表中。

七、结果和计算

1. 水样中溶解氧浓度的计算

$$\rho_{O_2} = \frac{c \times V \times f_1 \times 8}{V_1} \times 1\,000 \qquad (2-3-1)$$

式中，ρ_{O_2}——水样中溶解氧浓度（mg/L）；

$\quad V$——滴定样品时用去硫代硫酸钠溶液的体积（mL）；

$\quad c$——硫代硫酸钠溶液的浓度（mol/L）；

$\quad V_1$——滴定用固定水样的体积（mL）；

$\quad f_1 = \dfrac{V_2}{V_2 - 2}$，其中 V_2 为固定水样的总体积（水样瓶的容积，mL）。

2. 饱和度的计算

$$氧的饱和度 = \frac{\rho_{O_2}}{\rho_{O_2'}} \times 100\% \qquad (2-3-2)$$

式中，ρ_{O_2}——测得的溶解氧浓度（mg/L）；

$\quad \rho_{O_2'}$——现场的水温及盐度条件下，样品中氧的饱和浓度（mg/L）。

八、思考题

（1）取水样时应注意哪些情况？

（2）加入氯化锰溶液、碱性碘化钾溶液和硫酸时，为什么必须将移液管管尖插入液面以下？

实验 4

亚硝酸盐的测定

一、实验目的

（1）掌握萘乙二胺分光光度法测定亚硝酸盐的原理及方法。

（2）学习标准曲线的绘制方法。

二、实验原理

在酸性介质中亚硝酸盐与磺胺进行重氮化反应，其产物再与盐酸萘乙二胺偶合生成红色偶氮染料，于 543 nm 波长处测定吸光度。

三、教学重点与难点

教学重点：萘乙二胺分光光度法测定亚硝酸盐的方法；分光光度计的使用；标准曲线的绘制。

教学难点：萘乙二胺分光光度法测定亚硝酸盐的方法。

四、实验学时数

实验学时数：2 学时。

五、实验准备

1. 仪器

分光光度计、50 mL 比色管、移液管、容量瓶、量筒等。

2. 试剂

（1）亚硝酸盐标准贮备溶液：100 μg/mL。称取 0.492 6 g 亚硝酸钠（NaNO₂）经 110℃烘干，溶于少量水中后全量移入 1 000 mL 容量瓶中，加水稀释至标线，混匀。加 1 mL 三氯甲烷（CHCl₃），混匀。贮于棕色试剂瓶中，于 4℃冰箱内保存，有效期为 2 个月。

（2）亚硝酸盐标准使用溶液：5.0 μg/mL。移取 5.00 mL 亚硝酸盐标准贮备溶液于 100 mL 容量瓶中，加水至标线，混匀。临用前配制。

（3）磺胺溶液：10.0 g/L。称取 5.0 g 磺胺（NH₂SO₂C₆H₄NH₂），溶于 350 mL 盐酸溶液（用 ρ=1.19 g/mL 的盐酸与水按 1：6 的体积比配制），用水稀释至 500 mL，盛于棕色试剂瓶中，有效期为 2 个月。

（4）盐酸萘乙二胺溶液：1.0 g/L。称取 0.50 g 盐酸萘乙二胺（C₁₀H₇NHCH₂CH₂NH₂·2HCl），溶于 500 mL 水中，混匀。盛于棕色试剂瓶中，于 4℃冰箱内保存，有效期为 1 个月。

六、实验过程

1. 标准曲线的绘制

取 6 个 50 mL 具塞比色管，分别加入 0.00 mL、0.10 mL、0.20 mL、0.30 mL、0.40 mL、0.50 mL 亚硝酸盐标准使用溶液，加水至标线，混匀。标准系列各点的浓度分别为 0.000 mg/L、0.010 mg/L、0.020 mg/L、0.030 mg/L、0.040 mg/L、0.050 mg/L。

各加入 1.0 mL 磺胺溶液，混匀。放置 5 min。

各加入 1.0 mL 盐酸萘乙二胺溶液混匀。放置 15 min。

于 543 nm 波长处用光程 5 cm 的测定池，以水作参比液，测定吸光度（A_i）。其中零浓度为空白吸光度（A_0）。

2. 水样的测定

量取 50.0 mL 已过滤的水样于具塞比色管中。

参照上述步骤测量水样的吸光度（A_w）。

3. 空白的测定

量取 50.0 mL 二次去离子水于具塞比色管中，参照上述步骤测量空白吸光度（A_k）。

七、结果与计算

1. 标准曲线法

由 A_w-A_k 在标准曲线上查得水样中亚硝酸盐的浓度（$\rho_{NO_2^--N}{}'$）。

2. 线性回归方程法

采用数据分析软件（如 Excel、SPSS 等），以吸光度（A_i-A_0）为纵坐标，以对应的亚硝酸盐浓度（$\rho_{NO_2^--N}$）为横坐标，拟合线性回归方程：

$$A_i-A_0=a\rho_{NO_2^--N}+b \qquad (2-4-1)$$

水样中亚硝酸盐的浓度为

$$\rho_{NO_2^--N}{}' = \frac{(A_w-A_k)-b}{a} \qquad (2-4-2)$$

式中，$\rho_{NO_2^--N}{}'$——水样中亚硝酸盐的浓度（mg/L）；

A_w-A_k——水样的校正吸光度；

a——线性回归方程的斜率；

b——线性回归方程的截距。

八、注意事项

（1）水样加盐酸萘乙二胺溶液后，须在 2 h 内测量完毕，并避免阳光照射。

（2）温度对测定的影响不显著，但以 10 ~ 25℃测定为宜。

（3）标准曲线每隔 1 周须重制 1 次，当测定样品的实验条件与制定标准曲线的条件相差较大时（如更换光源或光电管、温度变化较大时），须及时重制标准曲线。

九、思考题

（1）在水中氮的转化过程中亚硝酸盐起到了什么作用？

（2）在生活污水处理过程中进出水中亚硝酸盐的浓度应该是什么样的关系，为什么？

实验 5

氨氮的测定

一、实验目的

（1）掌握絮凝沉淀预处理方法。

（2）掌握分光光度计的使用方法。

（3）熟悉纳氏试剂光度法或其他规范方法测定氨氮的步骤和原理。

（4）学会标准曲线的绘制方法。

二、实验原理

氨氮（NH_3-N）以游离氨（NH_3）或铵盐（NH_4^+）的形式存在于水中，两者的组成比取决于水的pH。当pH偏高时，游离氨的比例较高。反之，则铵盐的比例较高。

水中氨氮的来源主要为生活污水中含氮有机物受微生物作用的分解产物，某些工业废水（如焦化废水和合成氨化肥厂废水等），农田排水。此外，在无氧环境中，水中存在的亚硝酸盐亦可受微生物作用，被还原为氨。在有氧环境中，水中氨亦可转变为亚硝酸盐，甚至继续转变为硝酸盐。

测定水中各种形态的含氮化合物，有助于评价水体被污染和"自净"状况。

鱼类对水中氨氮比较敏感，当氨氮含量高时会导致鱼类死亡。

靛酚蓝分光光度法测定氨氮原理：在弱碱性介质中，以亚硝酰铁氰化钠为催化剂，氨与苯酚和次氯酸盐反应生成靛酚蓝，在 640 nm 波长处测定吸光度。

次溴酸盐氧化法测定氨氮原理：在碱性介质中次溴酸盐将氨氧化为亚硝酸盐，然后用重氮－偶氮分光光度法测亚硝酸盐的总量，扣除原有亚硝酸盐的浓度，得到氨氮的浓度。

三、教学重点与难点

教学重点：水中含氮指标；水处理过程中氮的转化；水样的絮凝沉淀预处理方法；分光光度计的使用；标准曲线的绘制。

教学难点：水处理过程中氮的转化；絮凝沉淀预处理方法；标准曲线的绘制。

四、实验学时数

实验学时数：2学时。

五、实验准备

（一）仪器

分光光度计、具塞量筒或比色管、锥形瓶、漏斗、比色管、移液管。

（二）试剂

铵标准贮备溶液：100.0 mg/L。称取0.471 6 g硫酸铵［$(NH_4)_2SO_4$，预先在110℃烘1 h，置于干燥器中冷却］溶于少量水中，全量转入1 000 mL容量瓶中，加水至标线，混匀。加1 mL三氯甲烷（$CHCl_3$），振摇混合。贮于棕色试剂瓶中，于4℃冰箱内保存。此溶液1.00 mL含氨氮100 μg，有效期为半年。

铵标准使用溶液：10.0 mg/L。移取10.0 mL铵标准贮备溶液置于100 mL容量瓶中，加水至标线，混匀，此溶液1.00 mL含氨氮10.0 μg。临用时配制。

1.靛酚蓝分光光度法所用试剂

（1）柠檬酸钠溶液：480 g/L。

（2）氢氧化钠溶液：c_{NaOH}=0.50 mol/L。

（3）苯酚溶液：称取 38 g 苯酚（C_6H_5OH）和 400 mg 亚硝酰铁氰化钠［$Na_2Fe(CN)_5NO \cdot 2H_2O$］溶于少量水中，稀释至 1 000 mL，混匀。盛于棕色试剂瓶中，于 4℃冰箱内保存。此溶液可稳定保存数月。

（4）硫代硫酸钠溶液：$c_{Na_2S_2O_3 \cdot 5H_2O}=0.10$ mol/L。

（5）淀粉溶液：5 g/L。

（6）次氯酸钠溶液：市售品有效氯含量不少于 5.2%（质量分数）。

（7）硫酸溶液：$c_{H_2SO_4}=0.5$ mol/L。

2. 次溴酸盐氧化法所用试剂

（1）氢氧化钠溶液：400 g/L。

（2）盐酸溶液：将 50 mL 盐酸（HCl，ρ=1.19 g/mL）与同体积的水混匀。

（3）溴酸钾-溴化钾贮备溶液：称取 2.8 g 溴酸钾（$KBrO_3$）和 20 g 溴化钾（KBr）溶于 1 000 mL 水中，贮于 1 000 mL 棕色试剂瓶中。

（4）次溴酸钠溶液：量取 1.0 mL 溴酸钾-溴化钾贮备溶液于 250 mL 聚乙烯瓶中，加 49 mL 水和 3.0 mL 盐酸溶液，盖紧摇匀，置于暗处。5 min 后加入 50 mL 氢氧化钠溶液，混匀。临用前配制。

（5）磺胺溶液：2 g/L。

（6）盐酸萘乙二胺溶液：1 g/L。

六、实验过程

（一）靛酚蓝分光光度法

1. 水样预处理

水样经孔径为 0.45 μm 的滤膜过滤后盛于聚乙烯瓶中。须从速测定，不能延迟 3 h 以上；若样品采集后不能立即测定，则应快速冷冻至 −20℃。样品溶化后应立即测定。

2. 标准曲线的绘制

取 6 个 100 mL 容量瓶，分别加入 0.00 mL、0.30 mL、0.60 mL、0.90 mL、1.20 mL、1.50 mL 铵标准使用溶液，加纯水或无氨海水至标线，混匀。标准系列使用溶液的浓度分别为0.000 mg/L、0.030 mg/L、0.060 mg/L、0.090 mg/L、0.120 mg/L、0.150 mg/L。

移取 35.0 mL 上述各点溶液，分别置于 50 mL 具塞比色管中。

各加入 1.0 mL 柠檬酸钠溶液，混匀。

各加入 1.0 mL 苯酚溶液，混匀。

各加入 1.0 mL 次氯酸钠使用溶液，混匀。放置 6 h 以上（淡水样品放置 3 h 以上）。

于 640 nm 波长处用光程 5 cm 测定池以水作参比，测定吸光度（A_i），其中零浓度为空白吸光度（A_0）。

以吸光度（A_i-A_0）为纵坐标，氨氮浓度（mg/L）为横坐标，绘制标准曲线。

3. 水样的测定

量取 35.0 mL 已过滤的水样，置于 50 mL 具塞比色管中。

参照上述步骤测定水样的吸光度（A_w）。

4. 空白的测定

量取 35.0 mL 无氨蒸馏水，置于 50 mL 具塞比色管中，按水样的测定步骤测定空白吸光度（A_k）。

5. 结果与计算

（1）标准曲线法：由 A_w-A_k 在标准曲线上查得水样中氨氮的浓度（$\rho_{NH_3-N}{}'$）。

（2）线性回归方程法：采用数据分析软件（如Excel、SPSS等），以吸光度（A_i-A_0）为纵坐标，以对应的氨氮浓度（ρ_{NH_3-N}）为横坐标，拟合线性回归方程：

$$A_i-A_0=a\rho_{NH_3-N}+b \qquad (2-5-1)$$

水样中氨氮的浓度为

$$\rho_{NH_3-N}{}'=\frac{(A_w-A_k)-b}{a} \qquad (2-5-2)$$

式中，$\rho_{NH_3-N}{}'$——水样中氨氮的浓度（mg/L）；

A_w-A_k——水样的校正吸光度；

a——线性回归方程的斜率；

b——线性回归方程的截距。

（3）盐误差校正：

1）测定海水样品，若绘制标准曲线用盐度相近的无氨海水时，可由 $A_w - A_k$ 查标准曲线或用线性回归方程计算直接得出氨氮浓度。

2）对于海水或河口区水样，若绘制标准曲线时用无氨蒸馏水，则水样的吸光度（A_w）扣除分析空白吸光度（A_k）后，还应根据所测水样的盐度乘上相应的盐误差校正系数（f，表 2-5-1），即据 $f(A_w - A_k)$ 查标准曲线或用线性回归方程计算水样中氨氮的浓度。

表 2-5-1　盐误差校正系数表

盐度	0 ~ 8	11	14	17	20	23	27	30	33	36
盐误差校正系数（f）	1.00	1.01	1.02	1.03	1.04	1.05	1.06	1.07	1.08	1.09

（二）次溴酸盐氧化法

1. 水样预处理

水样经孔径为 0.45 μm 的滤膜过滤后盛于聚乙烯瓶中。须从速测定，不能延迟 3 h 以上；若样品采集后不能立即测定，则应快速冷冻至 -20℃。样品溶化后应立即测定。

2. 标准曲线的绘制

取 6 个 200 mL 量瓶，分别加入 0.00 mL、0.20 mL、0.40 mL、0.80 mL、1.20 mL、1.60 mL 铵标准使用溶液，加水至标线，混匀。标准系列各点的浓度分别为 0.000 mg/L、0.010 mg/L、0.020 mg/L、0.040 mg/L、0.060 mg/L、0.080 mg/L。

各量取 50.0 mL 上述溶液，分别置于 100 mL 具塞锥形瓶中。

各加入 5 mL 次溴酸钠溶液，混匀，放置 30 min。

各加 5 mL 磺胺溶液，混匀，放置 5 min。

各加入 1 mL 盐酸萘乙二胺溶液，混匀，放置 15 min。

选 543 nm 波长，用光程 5 cm 的比色皿，以无氨蒸馏水作参比液，测定吸光度（A_i），其中零浓度为 A_0。

以吸光度（A_i-A_0）为纵坐标，氨氮浓度（mg/L）为横坐标，绘制标准曲线。

3. 水样的测定

量取 50.0 mL 已过滤的水样，置于 100 mL 具塞锥形瓶中。

参照上述步骤测定水样的吸光度（A_w）。

4. 空白的测定

量取 5 mL 刚配制的次溴酸钠溶液于 100 mL 具塞锥形瓶中，立即加入 5 mL 磺胺溶液，混匀。放置 5 min 后加 50 mL 水，然后加入 1 mL 盐酸萘乙二胺溶液，15 min 后测定空白的吸光度（A_k）。

5. 结果与计算

（1）标准曲线法：由 A_w-A_k 在标准曲线上查得水样中氨氮和亚硝酸盐的总浓度（$\rho_{(NH_3-N)+(NO_2^--N)}$）。

（2）线性回归方程法：采用数据分析软件（如 Excel、SPSS 等），以吸光度（A_i-A_0）为纵坐标，以对应的氨氮浓度（ρ_{NH_3-N}）为横坐标，拟合线性回归方程：

$$A_i-A_0=a\rho_{NH_3-N}+b \qquad (2-5-3)$$

水样中氨氮和亚硝酸盐的总浓度为

$$\rho_{(NH_3-N)+(NO_2^--N)}=\frac{(A_w-A_k)-b}{a} \qquad (2-5-4)$$

式中，$\rho_{(NH_3-N)+(NO_2^--N)}$——水样中氨氮和亚硝酸盐的总浓度（mg/L）；

A_w-A_k——水样的校正吸光度；

a——线性回归方程的斜率；

b——线性回归方程的截距。

（3）氨氮浓度计算：由 A_w-A_k 查标准曲线或用线性回归方程计算水样中氨氮和亚硝酸盐的总浓度，按式（2-5-5）计算水样中氨氮的浓度：

$$\rho_{NH_3-N}=\rho_{(NH_3-N)+(NO_2^--N)}-\rho_{NO_2^--N} \qquad (2-5-5)$$

式中，ρ_{NH_3-N}——水样中氨氮的浓度（mg/L）；

$\rho_{(NH_3-N)+(NO_2^--N)}$——水样中氨氮和亚硝酸盐的总浓度（mg/L）；

$\rho_{NO_2^--N}$——水样中亚硝酸盐的浓度（mg/L）。

七、思考题

（1）生活污水处理过程中氨氮的来源有哪些？

（2）生活污水处理过程中氮是如何转化的？

（3）如何提高标准曲线的精确度？

硝酸盐的测定

一、实验目的

（1）掌握镉柱还原法测定硝酸盐的原理及方法。

（2）学习标准曲线的绘制方法。

二、实验原理

水样通过镉还原柱，水样中的硝酸盐被定量地还原为亚硝酸盐。按重氮－偶氮分光光度法测定亚硝酸盐的总量，扣除原有亚硝酸盐含量，得硝酸盐的含量。

本法适用于大洋和近岸海水、河口水中硝酸盐的测定。

水样可用有机玻璃或塑料采水器采集，用孔径为 0.45 μm 的滤膜过滤，贮于聚乙烯瓶中。测定工作不能延迟 3 h 以上，如果样品采集后不能立即测定，应快速冷冻至 −20℃。样品溶化后应立即测定。

三、教学重点与难点

教学重点：镉柱还原法测定硝酸盐的方法；分光光度计的使用；标准曲线的绘制。

教学难点：镉柱还原法测定硝酸盐的方法。

四、实验学时数

实验学时数：2学时。

五、实验准备

1. 仪器

分光光度计、镉柱、50 mL 比色管、移液管、容量瓶、量筒等。

2. 试剂

（1）镉屑：直径为 1 mm 的镉屑、镉粒或海绵镉。

（2）盐酸溶液：2 mol/L。量取 83.5 mL 盐酸（HCl，ρ=1.19 g/mL），加水稀释至 500 mL。

（3）硫酸铜溶液：10 g/L。将 10 g 五水硫酸铜（$CuSO_4 \cdot 5H_2O$）溶于水并稀释至 1 000 mL，混匀。盛于试剂瓶中。

（4）硝酸盐标准贮备溶液：100 μg/mL。称取 0.721 8 g 硝酸钾（KNO_3），预先在 110℃下烘 1 h，置于干燥器中冷却，溶于少量水中，用水稀释至 1 000 mL，混匀。加 1 mL 三氯甲烷（$CHCl_3$），混合。贮于 1 000 mL 棕色试剂瓶中，于冰箱内保存。此溶液 1.00 mL 含硝酸盐 100 μg，有效期为半年。

（5）硝酸盐标准使用溶液：10 μg/mL。量取 10.0 mL 硝酸钾标准贮备溶液于 100 mL 容量瓶中，加水稀释至标线，混匀。此溶液 1.00 mL 含硝酸盐 10.0 μg，临用前配制。

（6）氯化铵缓冲溶液：称取 10 g 氯化铵（NH_4Cl，优级纯）溶于 1 000 mL 水中，用约 1.5 mL 氨水（$NH_3 \cdot H_2O$，ρ=0.90 g/mL）调节 pH 至 8.5（用精密 pH 试纸检验）。此溶液用量较大，可一次配制 5 L。

（7）磺胺溶液：10.0 g/L。称取 5.0 g 磺胺（$NH_2SO_2C_6H_4NH_2$），溶于 350 mL 盐酸溶液（用 ρ=1.19 g/mL 的盐酸与水按体积比为 1：6 配制），用水稀释至 500 mL，混匀。盛于棕色试剂瓶中，有效期为 2 个月。

（8）盐酸萘乙二胺溶液：1.0 g/L。称取 0.50 g 盐酸萘乙二胺（$C_{10}H_7NHCH_2NH_2 \cdot 2HCl$），溶于 500 mL 水中，混匀。盛于棕色试剂瓶中，

于冰箱内保存，有效期为 1 个月。

（9）活化溶液：量取 14 mL 硝酸盐标准贮备溶液于 1 000 mL 容量瓶中，加氯化铵缓冲溶液至标线，混匀，贮于试剂瓶中。

六、实验过程

1. 镉柱的制备

镉屑镀铜：称取 40 g 镉屑（或镉粒）于 150 mL 锥形分液漏斗中，用盐酸溶液洗涤，除去表面氧化层，弃去酸液，用水洗至中性，加入 100 mL 硫酸铜溶液振摇约 3 min，弃去废液，用水洗至不含有胶体铜时为止。

装柱：将少许玻璃纤维塞入还原柱（图 2-6-1）底部并注满水，然后将镀铜的镉屑装入还原柱中，在还原柱的上部也塞入少许玻璃纤维。已镀铜的镉屑要保持在水面之下以防接触空气。

还原柱的活化：用 250 mL 活化溶液，以每分钟 7 ～ 10 mL 的流速通过还原柱使之活化，然后再用氯化铵缓冲溶液过柱洗涤 3 次，还原柱即可使用。

还原柱的保存：还原柱每次用完后，需用氯化铵缓冲溶液洗涤 2 次，然后注入氯化铵溶液保存。如长期不用，可注满氯化铵缓冲溶液后密封保存。

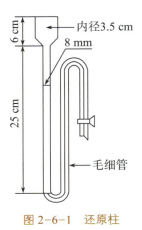

图 2-6-1　还原柱

2. 镉柱还原率的测定

配制浓度为 100 μg/L 的硝酸盐和亚硝酸盐溶液。按照工作曲线绘制（2）~（6）步骤测量硝酸盐吸光度，其双份平均吸光度记为 $A_{NO_3^-}$。同时测量分析空白，其双份平均吸光度记为 $A'_{NO_3^-}$。按照工作曲线绘制（2）、（4）、（5）、（6）步骤测量亚硝酸盐吸光度，其双份平均吸光度记为 $A_{NO_2^-}$。同时测定空白吸光度，其双份平均值记为 $A'_{NO_2^-}$。按式（2-6-1）计算硝酸盐还原率（R）。

$$R = \frac{A_{NO_3^-} - A'_{NO_3^-}}{A_{NO_2^-} - A'_{NO_2^-}} \times 100\% \qquad (2-6-1)$$

当 $R<95\%$ 时，还原柱须重新活化或装柱。

3. 工作曲线的绘制

（1）取6个100 mL量瓶，分别加入0.00 mL、0.25 mL、0.50 mL、1.00 mL、1.50 mL、2.00 mL硝酸盐标准使用溶液，加水至标线，混匀。标准系列溶液的硝酸盐浓度分别为0.000 mg/L、0.025 mg/L、0.050 mg/L、0.100 mg/L、0.150 mg/L、0.200 mg/L。

（2）分别量取 50.0 mL 上述各浓度溶液，于相应的 125 mL 具塞锥形瓶中，再各加 50.0 mL 氯化铵缓冲溶液，混匀。

（3）将混合后的溶液逐个倒入还原柱中约 30 mL，以每分钟 6 ~ 8 mL 的流速通过还原柱直至溶液接近镉屑上部界面，弃去流出液。然后重复上述操作，接取 25.0 mL 流出液于 50 mL 带刻度的具塞比色管中，用水稀释至 50.0 mL，混匀。

（4）各加入 1.0 mL 磺胺溶液，混匀，放置 20 min。

（5）各加入 1.0 mL 盐酸萘乙二胺溶液，混匀，放置 20 min。

（6）于 543 nm 波长处用光程 5 cm 测定池以二次去离子水作参比，测其吸光度（A_i）和标准空白吸光度（A_0）。

（7）以吸光度（A_i-A_0）为纵坐标，浓度（mg/L）为横坐标，绘制工作曲线。

4. 水样的测定

量取 50.0 mL 已过滤的水样，于 125 mL 具塞锥形瓶中，加入 50.0 mL 氯化铵缓冲溶液，混匀。

按照工作曲线绘制（3）~（6）步骤测量水样的吸光度（A_w）。

量取 50.0 mL 二次去离子水，于 125 mL 的具塞锥形瓶中，加入 50.0 mL 氯化铵缓冲溶液，混匀。按照工作曲线绘制（3）~（6）步骤测量分析空白吸光度（A_k）。

七、结果与计算

1. 标准曲线法

由 $A_w - A_k$ 在标准曲线上查得水样中硝酸盐和亚硝酸盐的总浓度（$\rho_{(NO_3^- - N) + (NO_2^- - N)}$）。

2. 线性回归方程法

采用数据分析软件（如 Excel、SPSS 等），以吸光度（$A_i - A_0$）为纵坐标，以对应的硝酸盐浓度（$\rho_{NO_3^- - N}$）为横坐标，拟合线性回归方程：

$$A_i - A_0 = a\rho_{NO_3^- - N} + b \qquad (2-6-2)$$

水样中硝酸盐和亚硝酸盐的总浓度为

$$\rho_{(NO_3^- - N) + (NO_2^- - N)} = \frac{(A_w - A_k) - b}{a} \qquad (2-6-3)$$

式中，$\rho_{(NO_3^- - N) + (NO_2^- - N)}$——水样中硝酸盐和亚硝酸盐的总浓度（mg/L）；

$A_w - A_k$——水样的校正吸光度；

a——线性回归方程的斜率；

b——线性回归方程的截距。

3. 硝酸盐浓度计算

由 $A_w - A_b$ 查工作曲线或用线性回归方程计算水样中硝酸盐和亚硝酸盐的总浓度，按式（2-6-4）计算水样中氨氮的浓度：

$$\rho_{NO_3^- - N} = \rho_{(NO_3^- - N) + (NO_2^- - N)} - \rho_{NO_2^- - N} \qquad (2-6-4)$$

式中，$\rho_{NO_3^- - N}$——水样中硝酸盐的浓度（mg/L）；

$\rho_{(NO_3^- - N) + (NO_2^- - N)}$——硝酸盐和亚硝酸盐的浓度（mg/L）；

$\rho_{NO_2^- - N}$——亚硝酸盐的浓度（mg/L）。

八、精密度和准确度

精密度：硝酸盐浓度为 25 μg/L、100 μg/L、200 μg/L 的人工合成水样，重复性相对标准偏差为 1.1%；硝酸盐浓度为 210 μg/L 的人工合成水样，再现性相对标准偏差为 2.4%。

准确度：硝酸盐浓度为 210 μg/L 的人工合成水样，相对误差为 1.4%。

九、注意事项

（1）还原柱可用蝴蝶夹固定在滴定台上，并配备可插比色管的塑料底座。在船上工作时可用自由夹固定比色管。

（2）水样通过还原柱时，液面不能低于镉屑，否则会引进气泡，影响水样流速，如流速达不到要求，可在还原柱的流出处用乳胶管连接一段毛细管，即可加快流速。

（3）水样加盐酸萘乙二胺溶液后，须在 2 h 内测量完毕，并避免阳光照射。

（4）标准曲线每隔一周须重制一次，但须每天测定一份标准溶液以核对曲线。当测定样品的实验条件与制定标准曲线的条件相差较大时（如更换光源或光电管、温度变化较大时），须重制标准曲线。

（5）水样中的悬浮物会影响水样的流速，如吸附在镉屑上能降低硝酸盐的还原率。因此，水样要预先通过孔径为 0.45 μm 的滤膜过滤。

（6）铁、铜或其他金属浓度过高时会降低还原效率，向水样中加入乙二胺四乙酸（EDTA）即可消除此干扰。油和脂会覆盖镉屑的表面，用有机溶剂预先萃取水样可排除此干扰。

（7）海绵镉还原柱的处理过程及其他要求，可按产品特性说明书作相应调整。

（8）锌镉法可与本法等效使用。

总氮的测定

一、实验目的

（1）学习紫外分光光度计的使用方法。

（2）掌握碱性过硫酸钾紫外分光光度法测定总氮的原理和方法。

（3）学会标准曲线的绘制方法。

二、实验原理

总氮，简称 TN，是水中各种形态的无机和有机氮化合物的含量，包括氨氮、亚硝酸盐和硝酸盐等无机氮化合物，蛋白质、氨基酸和有机胺等有机氮化合物，以每升水含氮毫克数计算。常被用来表示水体受营养物质污染的程度，是衡量水质的重要指标之一。

目前国内主流的总氮检测方法是碱性过硫酸钾紫外分光光度法，还有一些较少使用的方法，如气相分子吸收光谱法，流动注射——盐酸萘乙二胺分光光度法，连续流动注射——盐酸萘乙二胺分光光度法等。

碱性过硫酸钾紫外分光光度法原理：在 60℃以上的水溶液中过硫酸钾分解生成氢离子和氧，反应式如下：

$$K_2S_2O_8 + H_2O \longrightarrow 2KHSO_4^+ + \frac{1}{2}O_2$$

$$KHSO_4 \longrightarrow K^+ + HSO_4^-$$

$$HSO_4^- \longrightarrow H^+ + SO_4^{2-}$$

加入氢氧化钠用以中和氢离子，使过硫酸钾分解完全。

在 120 ～ 124℃的碱性介质条件下，用过硫酸钾作氧化剂，将水样中的氨氮和亚硝酸盐氧化为硝酸盐，同时将水样中大部分有机氮化合物氧化为硝酸盐。用紫外分光光度法分别于波长 220 nm 与 275 nm 处测定水样的吸光度，按 $A=A_{220}-2A_{275}$ 计算硝酸盐的吸光度，从而计算总氮的含量。

三、教学重点与难点

教学重点：高压蒸汽灭菌器的使用；紫外分光光度计的工作原理和使用方法。

教学难点：高压蒸汽灭菌器的使用；紫外分光光度计的工作原理和使用方法。

四、实验学时数

实验学时数：2 学时。

五、实验准备

1. 仪器

紫外分光光度计、高压蒸汽灭菌器、具塞玻璃磨口比色管、移液管。

2. 试剂

（1）碱性过硫酸钾溶液：40 g 过硫酸钾（$K_2S_2O_8$）和 15 g 氢氧化钠（NaOH）溶于无氨水中，稀释至 1 000 mL 定容即可。溶液放在聚乙烯瓶内，可贮存 1 周。

（2）盐酸溶液：用 ρ=1.19 g/mL 的盐酸与水按体积比为 1∶9 配制。

（3）硝酸钾标准贮备溶液：0.721 8 g 硝酸钾（预先在 105 ～ 110℃条件下烘干 4 h）溶于无氨水中，定容至 1 000 mL，加入 2 mL 三氯甲烷作为保护剂，可至少稳定保存 6 个月。此溶液硝酸盐浓度为 100 μg/mL。

（4）硝酸钾标准使用溶液：将标准贮备溶液稀释 10 倍即可。此溶液硝酸盐浓度为 10 μg/mL。

六、实验过程

1. 标准曲线的绘制

（1）分别吸取 0.00 mL、0.5 mL、1.00 mL、2.00 mL、3.00 mL、5.00 mL、7.00 mL、8.00 mL 的硝酸钾标准使用溶液于 25 mL 比色管中，用无氨水稀释至 10 mL 标线。

（2）加入 5 mL 碱性过硫酸钾溶液，塞紧磨口塞，用纱布及纱绳裹紧管塞，以防液体溅出。

（3）将比色管置于高压蒸汽灭菌器中，加热 0.5 h，放气使压力指针回零。然后升温至 120 ~ 124℃时，开始计时。

（4）自然冷却，开阀放气，移去外盖。取出比色管并冷却至室温。

（5）加入盐酸溶液 1 mL，用无氨水稀释至 25 mL 标线。

（6）在紫外分光光度计上，以新鲜无氨水作参比液，用光程 10 mm 测定池分别在 220 nm 及 275 nm 波长处测定吸光度。用校正的吸光度（A）为纵坐标，总氮量（N）为横坐标，绘制标准曲线。

2. 样品的测定

取适量经预处理的水样（使氮含量为 20 ~ 80 μg）。按标准曲线绘制步骤（2）~（6）操作测量水样的校正吸光度（A'）。

七、结果与计算

1. 标准曲线法

由 A' 在标准曲线上查得水样中总氮量（N'）。

2. 线性回归方程法

采用数据分析软件（如 Excel、SPSS 等），以校正的吸光度（A）为纵坐标，以总氮量（N）为横坐标，拟合线性回归方程：

$$A=aN+b \tag{2-7-1}$$

水样中总氮量为

$$N' = \frac{A' - b}{a} \qquad （2-7-2）$$

式中，N'——水样中总氮量（μg）；

A'——水样的校正吸光度；

a——线性回归方程的斜率；

b——线性回归方程的截距。

3. 总氮的浓度计算

$$\rho_N = \frac{N'}{V} \qquad （2-7-3）$$

式中，ρ_N——水样中总氮的浓度（mg/L）；

N'——水样中总氮量（μg）；

V——所取水样的体积（mL）。

八、注意事项

（1）玻璃具塞比色管的密合性应良好。使用高压蒸汽灭菌器时，冷却后放气要缓慢，以免比色管塞蹦出。

（2）玻璃器皿可先用 10%（体积分数）盐酸浸洗，再用蒸馏水冲洗，之后用无氨水冲洗。

（3）使用高压蒸汽灭菌器时，应定期校核压力表。

（4）测定悬浮物较多的水样时，在过硫酸钾氧化后可能出现沉淀，遇此情况，可吸取氧化后的上清液，用紫外分光光度法测定吸光度。

九、思考题

（1）碱性过硫酸钾紫外分光光度法测定总氮的过程中过硫酸钾起什么作用？

（2）紫外分光光度计和可见光分光光度计有什么不同？

实验 8

总磷的测定

一、实验目的

（1）了解总磷的几种测定方法。

（2）了解钼锑抗分光光度法测定总磷的过程中各种试剂的作用以及使用方法。

（3）掌握钼锑抗分光光度法测定总磷的原理和方法。

二、实验原理

采集的水样立即经孔径为 0.45 μm 的滤膜过滤，所得滤液用于可溶性正磷酸盐的测定。滤液经强氧化剂的氧化分解，测得可溶性总磷。取混合水样（包括悬浮物），也经强氧化剂分解，测得水中总磷含量。

在中性条件下用过硫酸钾消解水样，将所含磷全部转化为正磷酸盐。在酸性介质中，正磷酸盐与钼酸铵反应，在锑盐存在下生成磷钼杂多酸后，立即被抗坏血酸还原，生成蓝色的络合物。

三、教学重点与难点

教学重点：总磷的几种测定方法；钼锑抗分光光度法测定总磷的原理和方法；测定总磷的过程中水样预处理的方法；高压蒸汽灭菌器的使用。

教学难点：钼锑抗分光光度法测定总磷的方法。

四、实验学时数

实验学时数：2 学时。

五、实验准备

1. 仪器

高压蒸汽灭菌器、分光光度计、移液管、50 mL 具塞比色管。

2. 试剂

（1）过硫酸钾溶液：50.0 g/L。将 25 g 过硫酸钾溶于水并稀释至 500 mL。

（2）钼酸铵溶液：26.0 g/L。将 13.0 g 钼酸铵（精确至 0.1 g）和 0.35 g 酒石酸锑钾（精确至 0.01 g）溶于 200 mL 水中，加入 300 mL 硫酸溶液，混匀，冷却后用水稀释至 500 mL，混匀，存于棕色试剂瓶中（冷藏可保存 2 个月）。

（3）抗坏血酸溶液：100.0 g/L。将 50.0 g 抗坏血酸（精确至 0.1 g）溶于蒸馏水中，用水稀释至 500 mL，贮于棕色试剂瓶中（冷藏可稳定几周，如不变色可长时间使用）。

（4）磷标准贮备溶液：1.0 mg/mL。溶解 1.096 7 g 磷酸二氢钾（使用前在 105℃下干燥 2 h）于蒸馏水中，移入 250 mL 容量瓶中，用水稀释至标线，摇匀。

（5）磷标准使用溶液：10 μg/mL。吸取 5 mL 磷标准贮备溶液于 500 mL 容量瓶中，用蒸馏水稀释至标线，摇匀。

（6）硫酸溶液：用 ρ=1.84 g/mL 的硫酸与水按体积比为 1 ：1 配制。

六、实验过程

1. 水样的消解（预处理）

吸取 5 mL 混匀水样于 50 mL 具塞比色管中，加入 5 mL 过硫酸钾溶液，用蒸馏水稀释至 25 mL，将比色管置于高压蒸汽灭菌器中 120℃消解 30 min，取出冷却至室温。

2. 标准曲线的绘制

取 6 支具塞比色管分别加入 0.0 mL、0.5 mL、1.0 mL、2.0 mL、3.0 mL、

4.0 mL 磷标准使用溶液，用蒸馏水稀释至 50 mL，此标准系列溶液总磷的浓度分别为 0.00 μg/mL、0.10 μg/mL、0.20 μg/mL、0.40 μg/mL、0.60 μg/mL、0.80 μg/mL。

分别吸取 5 mL 上述各标准系列溶液于 50 mL 具塞比色管中，加入 5 mL 过硫酸钾溶液，用蒸馏水稀释至 25 mL。将比色管置于高压蒸汽灭菌器中 120℃消解 30 min，取出冷却至室温。

分别向上述各消解后的溶液中加入 1 mL 抗坏血酸溶液，2 mL 钼酸铵溶液，用蒸馏水稀释至 50 mL，充分混合均匀。

以蒸馏水为参比液，用磷浓度为 0.00 μg/mL 溶液作空白试液调节零点，分别测定吸光度后，绘制标准曲线。

3. 样品的测定

消解后的水样中加入 1 mL 抗坏血酸溶液、2 mL 钼酸铵溶液，用蒸馏水稀释至 50 mL，充分混合均匀。室温下放置 30 min 后，使用光程为 10 mm 的比色皿在 700 nm 波长处，以蒸馏水为参比液，用空白试液调至零点，测定吸光度。

七、结果与计算

1. 标准曲线法

由水样的校正吸光度（A'）在标准曲线上查得水样中总磷浓度（ρ_P'）。

2. 线性回归方程法

采用数据分析软件（如 Excel、SPSS 等），以校正的吸光度（A）为纵坐标，总磷浓度（ρ_P）为横坐标，拟合线性回归方程：

$$A = a\rho_P + b \tag{2-8-1}$$

水样中总磷浓度为

$$\rho_P' = \frac{A' - b}{a} \tag{2-8-2}$$

式中，ρ_P'——水样中总氮量（μg）；

A'——水样的校正吸光度；

　　a——线性回归方程的斜率；

　　b——线性回归方程的截距。

八、注意事项

　　（1）如采样时水样用酸固定，则先将水样调至中性，再用过硫酸钾消解。

　　（2）如水样中浊度或色度影响测量吸光度时，需做补偿校正。在 50 mL 比色管中，水样定容后加入 3 mL 浊度补偿液，测量吸光度，然后从水样的吸光度中减去校正吸光度。

　　（3）室温低于 13℃时，可在 20 ～ 30℃水浴中，显色 15 min。

　　（4）操作所用的玻璃器皿，可用盐酸（用 ρ=1.19 g/mL 的盐酸与水按体积比为 1：5 配制）浸泡 2 h，或用不含磷酸盐的洗涤剂刷洗。

　　（5）比色皿用后应用稀硝酸或铬酸洗液浸泡片刻，以除去吸附的磷钼蓝显色物。

九、思考题

　　（1）测定磷的过程中，如果加入试剂顺序颠倒了，会出现怎样的结果？

　　（2）用分光光度计测吸光度时，如果比色皿中有气泡会对结果有什么影响？如果比色皿外壁有水痕会对结果有什么影响？

实验 9

化学需氧量——碱性高锰酸钾法

一、实验目的

（1）了解化学需氧量的测定方法。

（2）掌握碱性高锰酸钾法测定化学需氧量的原理和方法。

（3）掌握滴定管的使用。

（4）熟练掌握滴定终点的控制方法。

二、实验原理

化学需氧量是指在一定条件下，用强氧化剂处理水样时所消耗氧化剂的量，以氧的浓度（mg/L）表示。化学需氧量反映了水中受还原性物质污染的程度。水中还原性物质包括有机物、亚硝酸盐、亚铁盐、硫化物等。水被有机物污染是很普遍的，因此化学需氧量是表征水中有机物相对含量的指标之一。

用碱性高锰酸钾法测得的化学需氧量称为高锰酸盐指数（COD_{Mn}），其原理：在碱性加热条件下，用已知量并且过量的高锰酸钾氧化水中的需氧物质。然后在硫酸酸性条件下，用碘化钾还原过量的高锰酸钾和二氧化锰，所生成的游离碘用硫代硫酸钠标准溶液滴定。

三、教学重点与难点

教学重点：COD_{Mn}测定操作顺序；滴定终点的控制。

教学难点：COD_{Mn}测定操作顺序；滴定终点的控制。

四、实验学时数

实验学时数：2 学时。

五、实验准备

1. 仪器

加热装置、酸式滴定管、移液管、容量瓶等。

2. 试剂

（1）氢氧化钠溶液：称取 250 g 氢氧化钠，溶于 1 000 mL 水中，盛于聚乙烯瓶中。

（2）硫酸溶液：在搅拌下，将 1 体积浓硫酸（ρ=1.84 g/mL）慢慢加入 3 体积水中，盛于试剂瓶中。

（3）碘酸钾标准贮备溶液：$c_{\frac{1}{6}KIO_3}$=0.010 0 mol/L。将 3.567 g 碘酸钾（KIO_3，优级纯，预先在 120 ℃烘 2 h，置于干燥器中冷却）溶于水中，全量移入 1 000 mL 棕色量瓶中，稀释至标线，混匀。置于阴暗处，有效期为 1 个月。使用时稀释 10 倍，即得 0.010 0 mol/L 碘酸钾标准使用溶液。

（4）高锰酸钾溶液：$c_{\frac{1}{5}KMnO_4}$=0.01 mol/L。将 3.2 g 高锰酸钾（$KMnO_4$），溶于 200 mL 水中，加热煮沸 10 min，冷却，移入棕色试剂瓶中，稀释至 10 L，混匀。放置 7 d 左右，用玻璃砂芯漏斗过滤。

（5）淀粉溶液：5 g/L。称取 1 g 可溶性淀粉，用少量水搅成糊状，加入 100 mL 煮沸的水，混匀，继续煮至透明。冷却后加入 1 mL 乙酸，稀释至 200 mL，盛于试剂瓶中。

（6）硫代硫酸钠标准溶液：$c_{Na_2S_2O_3 \cdot 5H_2O}$=0.01 mol/L。称取 25 g 五水硫代硫酸钠（$Na_2S_2O_3 \cdot 5H_2O$），用刚煮沸冷却的水溶解，加入约 2 g 碳酸钠，移入棕色试剂瓶中，稀释至 10 L，混匀。置于阴凉处。

六、实验过程

1. 硫代硫酸钠标准溶液浓度的标定

用移液管吸取 10.00 mL 碘酸钾标准使用溶液，沿壁注入碘量瓶中。用少量水冲洗瓶壁，加入 0.5 g 碘化钾，沿壁注入 1.0 mL 硫酸溶液，塞好瓶塞，轻荡混匀。加少许水封口，在暗处放置 2 min。轻轻旋开瓶塞，沿壁加入 50 mL 水，在不断振摇下，用硫代硫酸钠标准溶液滴定至溶液呈淡黄色。加入 1 mL 淀粉溶液，继续滴定至溶液蓝色刚褪去为止。重复标定，至两次滴定读数差小于 0.05 mL 为止。按式（2−9−1）计算其浓度：

$$c = \frac{10.00 \times 0.010\ 0}{V_1} \qquad (2-9-1)$$

式中，c——硫代硫酸钠标准溶液的浓度（mol/L）；

V_1——硫代硫酸钠标准溶液的体积（mL）。

2. 水样的测定

（1）取 100 mL 水样于 250 mL 锥形瓶中（测平行双样，若有机物含量高，可少取水样，加蒸馏水稀释至 100 mL）。加入 1 mL 氢氧化钠溶液混匀，加 10.00 mL 高锰酸钾溶液，混匀。

（2）于电热板上加热至沸，准确煮沸 10 min（从冒出第一个气泡时开始计时）。然后迅速冷却到室温。

（3）用移液管加入 5 mL 硫酸溶液，加 0.5 g 碘化钾，混匀，在暗处放置 5 min。在不断振摇或电磁搅拌下，用已标定的硫代硫酸钠标准溶液滴定至溶液呈淡黄色，加入 1 mL 淀粉溶液，继续滴至蓝色刚褪去为止，记下滴定数（V_2）。两平行双样滴定读数相差不超过 0.10 mL。

另取 100 mL 重蒸馏水代替水样，按上述步骤测定空白滴定值（V_3）。

七、结果计算

高锰酸盐指数（COD_{Mn}）的计算：

$$COD_{Mn}=\frac{c\left(V_3-V_2\right)\times 8.0}{V}\times 1\,000 \qquad（2-9-2）$$

式中，c——硫代硫酸钠的浓度（mol/L）；

　　　　V_3——分析空白值滴定消耗硫代硫酸钠溶液的体积（mL）；

　　　　V_2——滴定样品时消耗硫代硫酸钠的体积（mL）；

　　　　V——取水样体积（mL）；

　　　　COD_{Mn}——高锰酸盐指数（mg/L）。

八、注意事项

（1）水样加热完毕，应冷却至室温，再加入硫酸和碘化钾，否则游离碘挥发会造成误差。

（2）化学需氧量是在一定反应条件下测定的结果，是一个相对值，所以测定时应严格控制条件，如试剂的用量、加入试剂的次序、加热时间、加热温度，以及加热前溶液的总体积等都必须保持一致。

（3）用于制备碘酸钾标准溶液的纯水和玻璃器皿须经煮沸处理，否则碘酸钾溶液易分解。

九、思考题

（1）为什么要测定化学需氧量？

（2）分析测定的数据，说一说影响实验结果的因素有哪些？

生化需氧量（BOD₅）的测定

一、实验目的

（1）加深对生化需氧量的理解。

（2）掌握水样稀释接种的过程。

（3）掌握测定生化需氧量的原理和方法。

二、实验原理

生化需氧量是指在规定条件下，微生物分解存在于水中的某些可氧化物质，特别是有机物所进行的生物化学过程中消耗溶解氧的量。此生物氧化全过程进行的时间很长，如在 20℃ 培养时，完成此过程需 100 多天。目前国内外普遍采用（20±1）℃、培养 5 d 的测定条件，得到 5 日化学需氧量（BOD_5），结果以每升水消耗的氧的毫克数表示，单位为 mg/L。

三、教学重点与难点

教学重点：碘量法测定溶解氧；水样稀释接种；测定生化需氧量的原理和方法。

教学难点：测定生化需氧量的方法。

四、实验学时数

实验学时数：4 学时。

五、实验准备

1. 仪器

恒温培养箱、量筒、溶解氧瓶、虹吸管、试剂瓶等。

2. 培养瓶

250 ~ 300 mL特制的BOD瓶（具磨口塞和供水封用的喇叭口，见图 2-10-1）或试剂瓶。所用培养瓶的容积均须校准，编号记录。

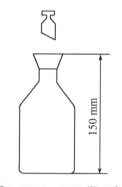

150 mm

图 2-10-1　BOD瓶示意图

3. 试剂

（1）氯化钙溶液：27.5 g/L。溶解 27.5 g 氯化钙（$CaCl_2$）于水中，用水稀释至 1 L，盛于试剂瓶中。

（2）三氯化铁溶液：0.25 g/L。溶解 0.25 g 六水三氯化铁（$FeCl_3 \cdot 6H_2O$）于水中，用水稀释至 1 L。盛于试剂瓶中。

（3）硫酸镁溶液：22.5 g/L。溶解 22.5 g 七水硫酸镁（$MgSO_4 \cdot 7H_2O$）于水中，用水稀释至 1 L。盛于试剂瓶中。

（4）磷酸盐缓冲溶液：pH ≈ 7.2。溶解 8.5 g 磷酸二氢钾（KH_2PO_4），21.75 g 磷酸氢二钾（K_2HPO_4），33.4 g 七水磷酸氢二钠（$Na_2HPO_4 \cdot 7H_2O$）和 1.7 g 氯化铵（NH_4Cl）于约 500 mL 水中，用水稀释至 1 L。此缓冲溶液 pH 约为 7.2，不需再做调节。

六、实验过程

1. 稀释水的制备

在 20 L 大玻璃瓶中加入一定体积的水，经过曝气后（8 ~ 12 h），使溶解氧接近饱和，盖严瓶盖静置，备用。使用前于每升水中加磷酸盐缓冲溶液、硫酸镁溶液、氯化钙溶液、三氯化铁溶液各 1 mL，混匀。

2. 水样采集和培养、测定

水样采集后应在 6 h 内完成测定。若不能，则须将水样保存在 4℃，而且保存时间不得超过 24 h。将贮存时间和温度与分析结果一起报告。

（1）对未受污染海区的水样，可以直接取样。分装样品时，虹吸管的一头要插入培养瓶的底部，慢慢放水，以免带入气泡。直接测定当天和培养 5 d 后水样中溶解氧的差值，即为 5 日生化需氧量。

（2）对于已受污染海区的水样，必须用稀释水稀释后再进行培养和测定。水样稀释的倍数是测定的关键。稀释倍数可根据培养后溶解氧的减少量确定，稀释的程度：应使培养中消耗的溶解氧大于 2 mg/L，而剩余的溶解氧不低于 1 mg/L。一般采用 20% ~ 75% 的稀释量。在初次测定时，可对每个水样同时做 2 ~ 3 个不同的稀释倍数。

1）稀释方法：量取一定体积的水样于 2 000 mL 量筒中，用虹吸管引入稀释水至 2 000 mL 标线，用一插棒式混合棒（在玻璃棒的一端插入一块直径略小于所用量筒直径、约 2 mm 厚的橡皮板）小心上下搅动，橡皮板不可露出水面，以免带入空气。

2）用虹吸管将稀释后的水样装入 4 个培养瓶中，至完全充满后轻敲瓶壁，使瓶中可能混有的小气泡逸出，盖紧瓶塞，用水封口。

另取 4 个培养瓶，全部装入稀释水，盖紧后用水封口，作为空白，并按顺序编号。

3）将各瓶的编号按操作顺序记录在表格中，每种水样各取一瓶立即测定溶解氧，其余放入（20±1）℃的培养箱中。

4）从开始培养的时间算起，经 5 昼夜后，取出水样，测定其溶解氧。

七、结果与计算

生化需氧量（BOD_5）的计算：

$$BOD_5 = \frac{(D_1 - D_2) - (D_3 - D_4) \times f_1}{f_2} \qquad (2-10-1)$$

式中，BOD_5——5日生化需氧量（mg/L）；

　　　D_1——水样在培养前的溶解氧（mg/L）；

　　　D_2——水样在培养后的溶解氧（mg/L）；

　　　D_3——稀释水在培养前的溶解氧（mg/L）；

　　　D_4——稀释水在培养后的溶解氧（mg/L）；

　　　f_1——稀释水（V_3）在水样和稀释水的混合水（$V_3 + V_4$）中所占的体积比；

　　　f_2——水样（V_4）在水样和稀释水的混合水（$V_3 + V_4$）中所占的体积比。

$$f_1 = \frac{V_3}{V_3 + V_4}; \quad f_2 = \frac{V_4}{V_3 + V_4}$$

八、注意事项

（1）配制试剂和稀释水所用的蒸馏水不应含有机质、苛性碱和酸。

（2）实验所用玻璃器皿应彻底洗净。先用洗涤剂浸泡清洗，然后用稀盐酸浸泡，最后依次用自来水、蒸馏水洗净。

（3）稀释水也可以采用新鲜天然海水，稀释水应保持在20℃左右，并且在20℃培养5天后，溶解氧的减少量应在0.5 mg/L以下。

（4）水样在培养期间，培养瓶封口处应始终保持有水，经常检查培养箱的温度是否保持在（20±1）℃。水样在培养期间不应见光，以防光合作用产生溶解氧。

（5）为使测定正确，可以用标准物质进行校验，常用的标准物质有葡萄糖和谷氨酸混合液。将葡萄糖和谷氨酸置于103℃烘箱中干燥1 h，精确称取葡萄糖150 mg、谷氨酸150 mg，溶解在1 000 mL蒸馏水中，该溶液在20℃时的5日生化需氧量为（200±37）mg/L。

九、思考题

（1）为什么要测定水样中的生化需氧量？

（2）某些水样在测定生化需氧量时需要稀释后再接种，为什么？

（3）水样中的氧气过多或过少应如何处理？为什么？

实验  11

总有机碳（TOC）的测定

一、实验目的

（1）加深对总有机碳的认识与理解。

（2）掌握测定总有机碳的原理与方法。

二、实验原理

水样经酸化通氮气除去无机碳后，用过硫酸钾将有机碳氧化生成二氧化碳气体，用非色散红外二氧化碳气体分析仪测定。

三、教学重点与难点

教学重点：总有机碳测定的基本原理，标准曲线的绘制。

教学难点：测定总有机碳的方法。

四、实验学时数

实验学时数：2 学时。

五、实验准备

1. 仪器

二氧化碳测定装置（图 2-11-1）、非色散红外二氧化碳气体分析仪、玻管转子流量计（量程 0 ~ 500 mL/min）、聚四氟乙烯密封夹具、高温炉、全玻璃回流蒸馏装置、玻璃滤器、玻璃纤维滤膜（于450℃灼烧4 h）、安瓿瓶（10 mL，于500℃灼烧4 h）、量瓶（25 mL、50 mL、100 mL）、移液管等。

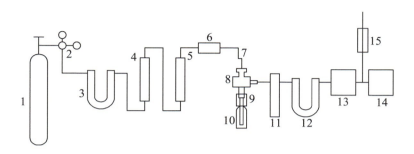

1. 高纯氮气钢瓶　2. 压力调节阀　3. 活性碳U形管　4. 5A分子筛　5. 碱石棉管　6. 流量计　7. 不锈钢导管　8. 聚甲氟乙烯夹具　9. 弹性胶管　10. 安瓿瓶　11. 盛盐酸羟胺溶液洗气瓶　12. 无水高氯酸镁　13. 二氧化碳分析仪　14. 记录仪　15. 尾气流量计

图 2-11-1　二氧化碳测定装置

2. 试剂

（1）除非另作说明，本法所用试剂均为分析纯，水为无碳水或等效纯水。

（2）将蒸馏水盛于全玻璃回流装置中，每升水加入10 g过硫酸钾（$K_2S_2O_8$）和2 mL磷酸，投入少许沸石。加热回流4 h后，换上全玻璃磨口蒸馏接收装置，蒸出无碳水，收集中间馏分于充满氮气的玻璃具塞瓶中。蒸馏装置需接一个内装活性碳和钠石灰的吸收管，以吸收外界进入的二氧化碳和有机气体。

（3）磷酸（H_3PO_4）：$\rho=1.69$ g/mL。

（4）过硫酸钾溶液：称取4 g经重结晶处理的过硫酸钾（$K_2S_2O_8$）溶于100 mL无碳水中，加几滴磷酸，通氮气除二氧化碳。临用时配制。

（5）活性碳：在氮气气氛下，于700℃活化4 h。

（6）分子筛：5A。

（7）氮气：纯度99.999%。

（8）盐酸溶液：$c_{HCl}=0.5$ mol/L。

（9）盐酸羟胺溶液：称取17.4 g盐酸羟胺（$NH_2OH \cdot HCl$）溶于500 mL

盐酸溶液中。

（10）邻苯二甲酸氢钾标准贮备溶液：称取 106.3 mg 邻苯二甲酸氢钾（$KHC_8H_4O_4$，先于 110℃下烘干 2 ~ 3 h），溶于水后全量转入 50 mL 容量瓶中，加水至标线，加少许氯化汞（$HgCl_2$），混匀。置于 4℃冰箱保存。此溶液 1.00 mL 含 1.00 mg 碳。

（11）邻苯二甲酸氢钾标准使用溶液：用移液管吸取 1.00 mL 邻苯二甲酸氢钾标准贮备溶液于 100 mL 容量瓶中，加水至标线，混匀。此溶液 1.00 mL 含 10.0 μg 碳。有效期为 1 周。

六、实验过程

1. 工作曲线的绘制

取 6 个 25 mL 量瓶，分别加入 0.00 mL、1.25 mL、2.50 mL、5.00 mL、7.50 mL、10.0 mL 邻苯二甲酸氢钾标准使用溶液，加水至标线，混匀，加 1 滴磷酸，通 N_2 5 min 除去 CO_2。

移取 4.00 mL 上述溶液于 10 mL 安瓿瓶中，加 1 mL 过硫酸钾溶液，通 N_2（200 mL/min）0.5 min，立即于酒精喷灯火焰上封口。于沸水浴中加热氧化 2 h 后取出，冷却至室温。

将安瓿瓶与聚四氟乙烯密封夹具连接。待二氧化碳分析仪基线稳定后，用尖嘴钳夹破安瓿瓶口，立即将不锈钢导管插入瓶底，通入 N_2（200 mL/min）把 CO_2 带入分析仪，测定相对读数（A_i）。以标准系列中邻苯二甲酸氢钾浓度为 0 的溶液作为空白。

记录数据，以相对读数（A_i-A_0）为纵坐标，相应碳含量（mg/L）为横坐标，绘制工作曲线。

2. 样品的测定

量取 20 mL 水样于 25 mL 样品瓶中，加几滴磷酸使水样 pH 小于或等于 2，通氮气 5 min，除去样品中的无机碳。

按绘制工作曲线的步骤测定相对读数（A_w），记录数据。

3. 空白的测定

量取 20 mL 水，按样品的测定步骤测定空白吸光度（A_k）。

七、结果与计算

1. 标准曲线法

由 A_w-A_k 在标准曲线上查得水样中总有机碳的浓度（$\rho_{TOC}{}'$）。

2. 线性回归方程法

采用数据分析软件（如 Excel、SPSS 等），以吸光度（A_i-A_0）为纵坐标，以对应的总有机碳浓度（ρ_{TOC}）为横坐标，拟合线性回归方程：

$$A_i-A_0=a\rho_{TOC}+b \tag{2-11-1}$$

水样中总有机碳的浓度为

$$\rho_{TOC}{}' = \frac{(A_w-A_k)-b}{a} \tag{2-11-2}$$

式中，$\rho_{TOC}{}'$——水样中总有机碳的浓度（mg/L）；

　　　A_w-A_k——水样的校正吸光度；

　　　a——线性回归方程的斜率；

　　　b——线性回归方程的截距。

八、注意事项

（1）所用玻璃器皿使用前须用硫酸－重铬酸钾洗液浸泡 1～2 d，用自来水冲洗后再用蒸馏水洗涤，最后用无碳水洗净。

（2）无碳水应在临用时制备。

（3）在标准曲线标准系列溶液的配制和水样的制备时，去除溶液无机碳的通氮管应插入液体底部；去除盛有待测溶液安瓿瓶顶部空间无机碳的通氮管口应稍高于液面。

（4）安瓿瓶封口时应将安瓿瓶口与一装有碱石棉的玻璃三通管连接，避免外部二氧化碳气体沾污。

（5）测定时要保持载气流量恒定。夹安瓿瓶和插入不锈钢导管的动作应迅速，以免影响测定精密度。

（6）每次测定前需更换盐酸羟胺溶液和高氯酸镁，以防水气和氯气进入分析仪干扰测定。

（7）水样采集后应立即用Whatman GF/C玻璃纤维滤膜过滤和测定。若不能立即测定，水样应添加少许氯化汞并置于4℃冰箱保存。

实 验 12

固体颗粒的测定

一、实验目的

（1）了解测定固体颗粒的意义及方法。

（2）掌握固体颗粒测定的实验方法。

二、实验原理

将混合均匀的水样，在称至恒重的蒸发皿中于蒸汽浴或水浴上蒸干，放在烘箱内烘至恒重，增加的质量为总固体颗粒。

将一定体积的水样通过孔径为 0.45 μm 的滤膜，称量留在滤膜上的悬浮物质的质量，计算水中的悬浮固体颗粒含量。将滤液在称至恒重的蒸发皿中于蒸汽浴或水浴上蒸干，放在烘箱内烘至恒重，增加的质量为溶解固体颗粒。

三、教学重点与难点

教学重点：几种固体颗粒的测定方法。

教学难点：区别几种固体颗粒的测定方法。

四、实验学时数

实验学时数：2 学时。

五、实验准备

仪器

（1）采水器、烘箱。

（2）有机玻璃螺口过滤器：直径 60 mm，适用于河口或浅海的高浓度悬浮颗粒水体。

（3）玻璃钳式过滤器：直径 47 mm，适用于低浓度悬浮颗粒水体。

（4）真空泵：抽气量 30 L/min。

（5）量筒：250 mL、500 mL、1 000 mL。

（6）滤膜：孔径 0.45 μm，直径 47 mm 或 60 mm。

（7）滤膜盒：直径 50 mm 或 63 mm。

（8）锥形烧瓶、洗瓶、橡皮管、水桶、气压表及样品箱等。

（9）不锈钢镊子。

六、实验过程

1. 操作流程

测定悬浮固体颗粒、溶解固体颗粒的实验操作流程如图 2-12-1 所示。

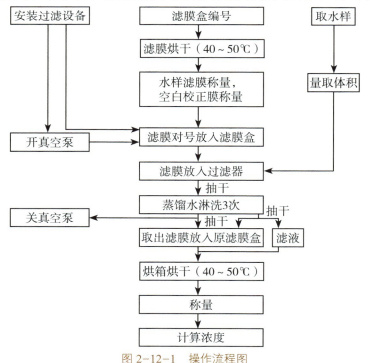

图 2-12-1　操作流程图

2. 总固体颗粒的测定

（1）将水样振摇均匀，倒入量筒，量取一定体积（5 ~ 100 mL）。

（2）烘干：将水样放入烘箱内（40 ~ 50℃），恒温脱水 6 ~ 8 h，取出放入硅胶干燥器中冷却至室温，6 ~ 8 h 后再称量。

3. 悬浮颗粒的测定

（1）将滤膜盒洗净、烘干、编号。

（2）将滤膜烘干（40 ~ 50℃），恒温 6 ~ 8 h 后，放入硅胶干燥器，冷却 6 ~ 8 h。

（3）确定空白校正膜的数量并点上色点，以区别于水样滤膜。

（4）称量滤膜，并把称好的滤膜放入滤膜盒内，并按顺序编号。

（5）安装过滤设备。抽滤的适宜压力为 5×10^4 ~ 6×10^4 Pa。若负压过大，悬浮物质颗粒嵌入滤膜微孔，妨碍过滤。为此，在真空系统中须有压力表。

（6）用不锈钢镊子把重为 W_2 的水样滤膜置于重为 W_b 的空白校正膜的上面，放入过滤器中，装好。

（7）将水样振摇均匀，倒入量筒，量取一定体积（视悬浮物浓度而定，大于 1 000 mg/L 时，量取 50 ~ 100 mL；小于 100 mg/L 时，量取 1 ~ 5 L）。

（8）开启真空泵，接通开关，将水样倒入过滤器内。装水样的量筒用蒸馏水洗净，并将洗液倒入过滤器。为了洗掉盐分，待抽干后，再用蒸馏水淋洗悬浮物质 3 次，每次 50 mL，再抽干。

（9）用不锈钢镊子取下水样滤膜和空的校正膜放在原滤膜盒内，置于红外灯下（50℃）烘干，或自然环境下风干。盖好滤膜盒盖，按次序保存，带回实验室。

（10）烘干：将水样滤膜和空白校正膜放入烘箱内（40 ~ 50℃），恒温脱水 6 ~ 8 h，取出放入硅胶干燥器 6 ~ 8 h，再称量。

4. 溶解固体颗粒的测定

将水样抽滤后的滤液放入烘箱内（40 ~ 50℃），恒温脱水 6 ~ 8 h，取出放入硅胶干燥器 6 ~ 8 h，再称量。

5. 称量

应视悬浮物质的多少选用合适感量的分析天平。小于 50 mg 时，用十万分之一天平；大于 50 mg 时，则用万分之一天平。称量要迅速，过滤前、后两次称量时，天平室的温度、湿度要基本一致。

七、结果与计算

1. 悬浮物质含量的计算

$$\rho = \frac{W_1 - W_2 - \Delta W}{V} \qquad (2-12-1)$$

式中，ρ——悬浮物质含量（mg/L）；

W_1——悬浮物加水样滤膜质量（mg）；

W_2——水样滤膜质量（mg）；

ΔW——空白校正滤膜校正值（mg）；

V——水样体积（L）。

2. 空白校正滤膜校正值计算

$$\Delta W = \frac{1}{n} \sum_{}^{n} (W_n - W_b) \qquad (2-12-2)$$

式中，W_n——过滤后空白校正滤膜质量（mg）；

W_b——过滤前空白校正滤膜质量（mg）；

n——空白校正滤膜个数；

ΔW 应是负值。

八、注意事项

（1）采样所用聚乙烯瓶或硬质玻璃瓶要用洗涤剂洗净，再依次用自来水和蒸馏水冲洗干净。在采样之前，再用即将采集的水样清洗 3 次。然后，采集具有代表性的水样 500 ~ 1 000 mL，盖严瓶盖。

（2）采集的水样应尽快测定。如需放置，应贮存在 4℃冷藏箱中，但贮存时间最长不得超过 7 d。

（3）贮存水样时不能加入任何保护剂，以防止破坏物质在固-液相间的分配平衡。

（4）漂浮或浸没的不均匀固体物质应从采集的水样中去除。

（5）滤膜上截留过多的悬浮物可能夹带过多的水分，除延长干燥时间外，还可能造成过滤困难，遇此情况，可酌情少取试样。滤膜上悬浮物过少，则会增大称量误差，影响测定精度，必要时，可增大试样体积。一般以 5 ~ 100 mL 为量取水样体积的使用范围。

九、思考题

（1）蒸发皿、滤膜和称量瓶每次在使用前都要烘干至恒重，为什么？

（2）总固体颗粒含量、悬浮固体颗粒含量、溶解固体颗粒含量三者之间的关系是什么？

第三部分

综合性实验

实 验  **13**

固体颗粒去除设备效率的测定

一、实验目的

（1）了解测定固体颗粒去除效率的意义及方法。

（2）掌握固体颗粒去除效率测定的实验方法。

（3）掌握各种固体颗粒去除设备的工作原理及其效率。

二、实验原理

使混合均匀的污水通过微滤机、固定筛等物理过滤装置，测定进水端和出水端的水样中各种固体颗粒含量的变化，用浓度的变化值乘以单位时间的流量，可以计算出固体颗粒去除设备的固体颗粒去除效率。

三、教学重点与难点

教学重点：固体颗粒去除效率的测定方法。

教学难点：实验中流量的控制。

四、实验学时数

实验学时数：2 学时。

五、实验准备

仪器

（1）物理过滤装置（微滤机、砂滤罐、旋流分离器等）、采水器、烘箱、流量计。

（2）有机玻璃螺口过滤器：直径 60 mm，适用于河口或浅海的高浓度水体。

（3）玻璃钳式过滤器：直径 47 mm，适用于低浓度水体。

（4）真空泵：抽气量 30 L/min。

（5）量筒：250 mL、500 mL、1 000 mL。

（6）滤膜：孔径 0.45 μm，直径 47 mm 或 60 mm。

（7）滤膜盒：直径 50 mm 或 63 mm。

（8）锥形烧瓶、洗瓶、橡皮管、水桶、气压表及样品箱等。

（9）不锈钢镊子。

转鼓式微滤机（图 3-13-1）工作原理：被处理的废水沿轴向进入微滤机鼓内，以径向辐射状经筛网流出，水中杂质（固体颗粒等）即被截留于微滤机鼓筒滤网内面。当截留在滤网上的杂质被转鼓带到微滤机上部时，被压力冲洗水反冲到排渣槽内流出。请扫右下方二维码观看转鼓式微滤机安装及运行调试视频。

转鼓式微滤机安装及运行调试视频
（视频由青岛越洋水产科技有限公司提供）

图 3-13-1 转鼓式微滤机

砂滤罐（图3-13-2）工作原理：砂滤罐里放置一定规模的石英砂，在一定范围内石英砂的大小规格不同，石英砂从上到下、由小到大依此排列，正常过滤时，水从石英砂的上层进入，由下层流出。当水从上流经滤层时，水中一部分固体悬浮物质进入上层滤料形成的微小空眼，受到吸附和机械阻留作用而被滤料的表面层所截留。

图3-13-2　砂滤罐

旋流分离器（图3-13-3）工作原理：将具有一定密度差的液-液、液-固、液-气等两相或多相混合液在离心力的作用下进行分离。使混合液以一定的流速切向进入旋流分离器，在圆柱腔内产生旋流场。混合液中密度大的组分在旋流场的作用下同时沿轴向向下运动，沿径向向外运动，在到达锥体段沿器壁向下运动，并由排污口排出，这样就形成了外旋涡流场；密度小的组分向中心轴线方向运动，并在轴线中心形成一向上运动的内涡旋，然后由出水口排出，以此达到两相分离的目的。

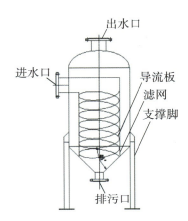

图 3-13-3 旋流分离器及其工作原理图

六、实验过程

1. 进水中固体颗粒的测定

按照实验 12 中的方法进行测定。

2. 出水中固体颗粒的测定

按照实验 12 中的方法进行测定。

七、结果与计算

固体颗粒去除设备的效率（%）的计算：

$$\eta = \frac{C_{进水} \times Q_{进水} - C_{出水} \times Q_{出水}}{C_{进水} \times Q_{进水}} \qquad (3\text{-}13\text{-}1)$$

式中，η——固体颗粒去除设备的效率（%）；

$C_{进水}$——固体颗粒去除设备进水端固体颗粒含量（mg/L）；

$Q_{进水}$——固体颗粒去除设备进水端单位时间流量（L）；

$C_{出水}$——固体颗粒去除设备出水端固体颗粒含量（mg/L）；

$Q_{出水}$——固体颗粒去除设备出水端单位时间流量（L）。

八、注意事项

（1）采样瓶的清洗及采样、水样贮存、水样中漂浮及浸没的杂质或杂物的去除、采样量等见实验12"八、注意事项"。

（2）严格控制流量，以得到准确的实验结果。

九、思考题

（1）不同物理过滤装置去除固体颗粒的效果有何区别？

（2）流量对实验结果的影响如何？

实 验 14

蛋白分离器效率的测定

一、实验目的

（1）掌握蛋白分离器的构造与原理。

（2）掌握蛋白分离器的废物去除效率的测定方法。

二、实验原理

　　使混合均匀的污水通过蛋白分离器，测定进水端和出水端的水样中各种固体颗粒含量、氨氮浓度等的变化，用固体颗粒含量、氨氮浓度的变化值乘以单位时间的流量，可以计算出蛋白分离器的固体颗粒和氨氮去除效率。

三、教学重点与难点

　　教学重点：蛋白分离器去除效率的测定方法。

　　教学难点：实验中流量的控制。

四、实验学时数

　　实验学时数：2 学时。

五、实验准备

　　蛋白分离器、瓷蒸发皿、烘箱、孔径 0.45 μm 的滤膜、分光光度计、流量计等。

蛋白分离器（图3-14-1）工作原理：又称为蛋白质撇除器、蛋白质除沫器、蛋白质脱除器、蛋白质分馏器、泡沫分离器等。它是利用泡沫分离技术，去除循环水养殖系统中溶解有机物和悬浮颗粒有机物的重要设备。泡沫分离技术利用表面活性物质在气-液界面的性质来进行溶质分离。表面活性物质的分子结构由亲水基和亲油基（或疏水基）两部分组成，当它们溶入水中后即在水溶液表面聚集，亲水基留在水中，亲油基伸向气相。如果水中有气泡，则水中表面活性物质或疏水的微小悬浮颗粒吸附在气泡上，上浮到分离器上部形成泡沫层，将气泡与水分离，即可脱除水中的表面活性物质。请扫右下方二维码观看蛋白分离器运行视频。

蛋白分离器运行视频
（视频由青岛中科海水处理有限公司提供）

图3-14-1　蛋白分离器

六、实验过程

1. 进水中固体颗粒和氨氮的测定

按照实验12中的方法测定固体颗粒；按照实验5中的方法测定氨氮。

2. 出水中固体颗粒和氨氮浓度的测定

按照实验 12 中的方法测定固体颗粒；按照实验 5 中的方法测定氨氮。

3. 泡沫浓缩液中各种水质指标的测定

按照实验 12 中的方法测定固体颗粒；按照实验 5 中的方法测定氨氮；按照本书中的相关方法测定其他水质指标。

七、结果与计算

蛋白分离器去除固体颗粒（氨氮）的效率（%）的计算：

$$\eta = \frac{C_{进水} \times Q_{进水} - C_{出水} \times Q_{出水}}{C_{进水} \times Q_{进水}} \qquad （3-14-1）$$

式中，η——蛋白分离器去除固体颗粒（氨氮）的效率（%）；

$C_{进水}$——蛋白分离器进水端固体颗粒含量/氨氮浓度（mg/L）；

$Q_{进水}$——蛋白分离器进水端单位时间流量（L）；

$C_{出水}$——蛋白分离器出水端固体颗粒含量/氨氮浓度（mg/L）；

$Q_{出水}$——蛋白分离器出水端单位时间流量（L）。

八、注意事项

（1）采样瓶的清洗及采样、水样贮存、采样量等见实验 12 "八、注意事项"。

（2）严格控制流量，以得到准确的实验结果。

九、思考题

（1）影响蛋白分离器效率的因素有哪些?

（2）蛋白分离器去除效率的计算方法。

（3）泡沫浓缩液的特性如何?

生物过滤装置去除氨氮和亚硝酸盐效率的测定

一、实验目的

（1）了解测定氨氮和亚硝酸盐去除效率的意义及方法。

（2）掌握氨氮和亚硝酸盐去除效率测定的方法。

二、实验原理

将混合均匀的污水，通过浸没式或者生物转盘等生物过滤装置，测定进水端和出水端的水样中氨氮和亚硝酸盐浓度的变化，用氨氮、亚硝酸盐浓度的变化值乘以单位时间的流量，可以计算出生物过滤装置去除氨氮和亚硝酸盐的效率。

三、教学重点与难点

教学重点：氨氮和亚硝酸盐去除效率的测定方法。

教学难点：实验中流量的控制。

四、实验学时数

实验学时数：2 学时。

五、实验准备

1.仪器

生物过滤装置（生物转盘、移动床生物膜反应器、生物流化床等），分光光度计、具塞量筒或比色管、锥形瓶、漏斗、比色管、移液管。

生物转盘（图 3-15-1）工作原理：应用的是生物膜法污水处理技术。生物转盘是由水槽和部分浸没于污水中的旋转盘体组成的生物处理构筑物，主要包括旋转圆盘（盘片）、接触反应槽、转轴及驱动装置等，必要时还可在接触反应槽上方设置保护罩用于遮风挡雨及保温。

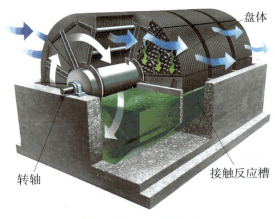

盘体

转轴

接触反应槽

图 3-15-1 生物转盘

生物转盘是用转动的盘片代替固定的滤料，工作时，转盘部分浸入充满污水的接触反应槽内，在驱动装置的驱动下，转轴带动转盘一起以一定的线速度不停地转动。转盘交替地与污水和空气接触，经过一段时间后，盘片上附着一层生物膜。在转入污水中时，生物膜吸附污水中的有机污染物，并吸收生物膜外水膜中的溶解氧，对有机物进行分解，微生物在这一过程中得以繁殖。转盘转出反应槽时，与空气接触，空气不断地溶解到水膜中去，增加其溶解氧。在这一过程中，在转盘上附着的生物膜与污水以及空气之间，除进行有机物与 O_2 的传递外，还进行其他物质，如 CO_2、NH_3 等的传递，形成一个连续的吸附、氧化分解、吸氧的过程，使污水不断得到净化。

移动床生物膜反应器（moving-bed biofilm reactor，MBBR）（图3-15-2）工作原理：移动床生物膜反应器吸收了传统流化床和生物接触氧化法两种工艺的优点，具有良好的脱氮除磷效果。污水连续经过反应器内的悬浮填料并逐渐在填料内外表面形成生物膜。通过生物膜上的微生物作用，污水得到净化。填料在反应器内混合液回旋翻转的作用下自由移动；对于好氧反应器，通过曝气使填料移动；对于厌氧反应器，则是用机器搅拌。请扫下方二维码观看实验室规模的移动床生物膜反应器运行视频。

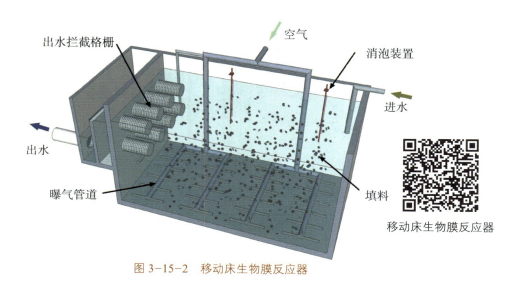

移动床生物膜反应器

图3-15-2　移动床生物膜反应器

生物流化床（图3-15-3）工作原理：生物流化床是将砂、活性炭、焦炭一类的较小的惰性颗粒为载体填充在床内，载体表面被生物膜附着。污水以一定流速从下向上流动，使载体颗粒处于流化状态。从而加大生物膜同污水的接触面积，保证充分供氧，并利用载体流化状态强化污水生物处理过程的构筑物。

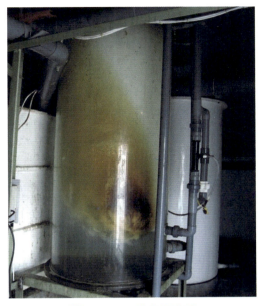

图 3-15-3　生物流化床

2. 试剂

（1）铵标准贮备溶液：100.0 mg/L。将 0.471 6 g 硫酸铵［（NH$_4$）$_2$SO$_4$，预先在 110℃烘 1 h，置于干燥器中冷却］溶于少量水中，全量转入 1 000 mL 容量瓶中，加水稀释至标线，混匀。加 1 mL 三氯甲烷（CHCl$_3$），振摇混合。贮于棕色试剂瓶中，于 4℃冰箱内保存。此溶液 1.00 mL 含氨氮 100 μg，有效期为半年。

（2）铵标准使用溶液：10.0 mg/L。移取 10.0 mL 铵标准贮备液置于 100 mL 容量瓶中，加水稀释至标线，混匀。此溶液 1.00 mL 含氨氮 10.0 μg。临用时配制。

（3）氢氧化钠溶液：400 g/L。

（4）盐酸溶液：用 ρ=1.19 g/mL 的盐酸与水按体积比为 1∶1 配制。

（5）溴酸钾-溴化钾贮备溶液：将 2.8 g 溴酸钾（KBrO$_3$）和 20 g 溴化钾（KBr）溶于 1 000 mL 水中，贮于 1 000 mL 棕色试剂瓶中。

（6）次溴酸钠溶液：量取 1.0 mL 溴酸钾-溴化钾贮备溶液于 250 mL 聚乙

烯瓶中，加 49 mL 水和 3.0 mL 盐酸溶液，盖紧摇匀，置于暗处。5 min 后加入 50 mL 氢氧化钠溶液，混匀。临用时配制。

（7）磺胺溶液：2 g/L。

（8）亚硝酸盐标准贮备溶液：100 μg/mL。称取 0.492 6 g 经 110℃烘干，于干燥器中冷却至室温的亚硝酸钠（NaNO$_2$）溶于少量水中后全量转移入 1 000 mL 量瓶中，加水稀释至标线，混匀。加 1 mL 三氯甲烷（CHCl$_3$），混匀。贮于棕色试剂瓶中，于 4℃冰箱内保存，有效期为 2 个月。

（9）亚硝酸盐标准使用溶液：5.0 μg/mL。移取 5.00 mL 亚硝酸盐标准贮备溶液于 100 mL 容量瓶中，加水稀释至标线，混匀。临用时配制。

（10）磺胺溶液：10 g/L。称取 5 g 磺胺（NH$_2$SO$_2$C$_6$H$_4$NH$_2$），溶于 350 mL 盐酸溶液（用ρ=1.19 g/mL 的盐酸与水按体积比为 1∶6 配制），加水稀释至 500 mL，盛于棕色试剂瓶中，有效期为 2 个月。

（11）盐酸萘乙二胺溶液：1 g/L。称取 0.5 g 盐酸萘乙二胺（C$_{10}$H$_7$NHCH$_2$CH$_2$NH$_2$·2HCl），溶于 500 mL 水中，盛于棕色试剂瓶中，于 4℃冰箱内保存，有效期为 1 个月。

六、实验过程

1. 进水中氨氮和亚硝酸盐浓度的测定

按照实验 5 中的方法测定氨氮的浓度；按照实验 4 中的方法测定亚硝酸盐的浓度。

2. 出水中氨氮和亚硝酸盐浓度的测定

按照实验 5 中的方法测定氨氮的浓度；按照实验 4 中的方法测定亚硝酸盐的浓度。

七、结果与计算

生物过滤装置去除氨氮/亚硝酸盐的效率（%）的计算：

$$\eta=\frac{C_{进水} \times Q_{进水}-C_{出水} \times Q_{出水}}{C_{进水} \times Q_{进水}} \qquad （3-15-1）$$

式中，η——生物过滤装置去除氨氮/亚硝酸盐的效率（%）；

$C_{进水}$——生物过滤装置进水端氨氮/亚硝酸盐浓度（mg/L）；

$Q_{进水}$——生物过滤装置进水端单位时间流量（L）；

$C_{出水}$——生物过滤装置出水端氨氮/亚硝酸盐浓度（mg/L）；

$Q_{出水}$——生物过滤装置出水端单位时间流量（L）。

八、注意事项

（1）采样所用聚乙烯瓶或硬质玻璃瓶要用洗涤剂洗净，再依次用自来水和蒸馏水冲洗干净。在采样之前，用即将采集的水样清洗 3 次。采集具有代表性的水样 500 ~ 1 000 mL，盖严瓶盖。

（2）采集的水样应尽快测定。如需放置，应贮存在 4℃冷藏箱中，但贮存时间最长不得超过 24 h。

（3）贮存水样时可以加入 1 ~ 2 滴浓硫酸。

（4）严格控制流量，以得到准确的实验结果。

九、思考题

（1）不同生物过滤装置去除氨氮和亚硝酸盐的效果有何区别？

（2）流量对实验结果的影响如何？

实验 16

循环水养殖系统生物絮团培养

一、实验目的

（1）了解生物絮团对循环水养殖系统的意义。

（2）掌握循环水养殖系统生物絮团的培养方法。

二、实验原理

生物絮团是养殖水体中以好氧微生物为主体的有机体物和无机物，经生物絮凝形成的团聚物，由细菌、浮游动植物、有机碎屑和一些无机物组成。

生物絮团形成的理论方程式：$NH_4^+ + 1.18C_6H_{12}O_6 + HCO_3^- + 2.06O_2 \longrightarrow C_5H_7O_2N + 6.06H_2O + 3.07CO_2$。由理论方程式可知：氨氮、有机碳源、溶解氧和碱度是生物絮团形成过程中必需的。生物絮团的形成是异养微生物利用水体中的氨氮及外源添加的有机碳源，并消耗水体中一定量的溶解氧和碱度，转化为自身成分的过程。生物絮团不仅可以作为鱼、虾的额外食物来源，还可以通过异养微生物繁殖，吸收转化残饵、养殖动物排泄物以及有害生物的次级代谢产物，从而有效净化水质。

三、教学重点与难点

教学重点：循环水养殖系统生物絮团的培养方法。

教学难点：有机碳源、碳氮比、曝气的控制。

四、实验学时数

实验学时数：2 学时。

五、实验准备

1. 仪器

循环水养殖系统等。

2. 药品

葡萄糖、蔗糖、木薯粉等有机碳源等。

六、实验过程

1. 准备生物絮团培养单元

从循环水养殖系统中抽取养殖水体到生物絮团培养系统内。

2. 添加有机碳源

添加有机碳源、氮源到培养单元中，使得水体中碳的总含量为 5.5 ~ 45 mg/L，氮的总含量为 0.55 ~ 2.25 mg/L，碳氮比为（10 ~ 20）：1。

3. 添加水解菌

向水体中加入地衣芽孢杆菌、短小芽孢杆菌、食酸菌等水解菌，加入总量满足每毫升水体中含有 0.8×10^5 ~ 1.2×10^5 CFU。

4. 曝气

向水体中曝气，维持水体中的溶解氧在 6 mg/L 以上。

5. 生物絮团形成及监测

当水体水色棕黄，可见明显絮状物时表明生物絮团已形成。取水样，测定总氨氮浓度、亚硝酸盐浓度、硝酸盐浓度、正磷酸盐浓度、化学需氧量、总悬浮颗粒物（TSS）含量、絮团沉积量（FV）。

6. 数据记录及处理

记录水体水质及生物絮团沉积量监测结果。

七、注意事项

（1）曝气和搅拌。生物絮团培养过程中，需要充分曝气和搅拌，从而提供足够的水体混合强度。还需要根据养殖对象的需求确定生物絮团的大小，因此，需确定适宜的水体混合强度和搅拌速度。生物絮团是由大量的异养细菌聚合而成的，充分的曝气有利于异养细菌的聚集，加速生物絮团的形成。而持续的曝气使生物絮团悬浮于水体中，有利于减缓絮团的堕化，一旦曝气停止，絮团就会很快沉积在池底，长时间的沉积最终会导致生物絮团的死亡和水质的恶化。

（2）pH。pH可以改变水体中细菌的正负电性，从而决定生物絮团的形成和稳定性。生物絮团的形成也会改变水体pH，硝化作用消耗大量碱度，使水体pH下降。因此，需要添加调节剂维持水体的pH。

八、思考题

（1）生物絮团对于循环水养殖系统的水质调控有何意义？

（2）生物絮团对循环水养殖系统经济效益有何益处？

（3）生物絮团对循环水养殖动物有何作用？

循环水养殖系统好氧反硝化细菌的分离

一、实验目的

（1）掌握循环水养殖系统生物滤池好氧反硝化细菌的分离方法及意义。

（2）了解循环水养殖系统中完成反硝化反应的好氧反硝化细菌优势种。

二、实验原理

反硝化是氮循环中的重要环节，也是一种重要的脱氮方式，指硝酸盐在微生物的作用下相继被还原为 NO_2^-、NO、N_2O、N_2 的过程。

三、教学重点与难点

教学重点：循环水养殖系统生物滤池好氧反硝化细菌的分离方法。

教学难点：循环水养殖系统中好氧反硝化细菌富集培养及分离纯化。

四、实验学时数

实验学时数：2学时。

五、实验准备

1. 仪器

生物过滤装置、洁净工作台等。

2. 试剂

（1）反硝化富集培养基：牛肉膏 3.0 g，蛋白胨 5.0 g，硝酸钾（KNO_3）1.0 g，人工海水（质量分数 30‰ 的 NaCl 溶液），pH ≈ 7.4。

（2）溴百里酚蓝（BTB）分离培养基：硝酸钾（KNO_3）1.0 g，二水柠檬酸钠（$C_6H_5Na_3O_7 \cdot 2H_2O$）1.0 g，磷酸二氢钾（$KH_2PO_4$）1.0 g，七水硫酸亚铁（$FeSO_4 \cdot 7H_2O$）0.05 g，无水氯化钙（$CaCl_2$）0.2 g，七水硫酸锰（$MnSO_4 \cdot 7H_2O$）1.0 g，质量分数为 1% 的溴百里酚蓝酒精溶液 1 mL，琼脂 20.0 g，人工海水 1 000 mL。pH=7.2。

（3）活化培养基：KNO_3 1.0 g，$C_6H_5Na_3O_7 \cdot 2H_2O$ 1.0 g，KH_2PO_4 1.0 g，$FeSO_4 \cdot 7H_2O$ 0.05 g，$CaCl_2$ 0.2 g，$MnSO_4 \cdot 7H_2O$ 1.0 g，人工海水 1 000 mL。pH ≈ 7.4。

（4）微量元素溶液：乙二胺四乙酸（EDTA）50.0 g，硫酸锌（$ZnSO_4$）2.2 g，$CaCl_2$ 5.5 g，四水氯化锰（$MnCl_2 \cdot 4H_2O$）5.06 g，$FeSO_4 \cdot 7H_2O$ 5.0 g，四水钼酸铵 $[(NH_4)_6Mo_7O_2 \cdot 4H_2O]$ 1.1 g，五水硫酸铜（$CuSO_4 \cdot 5H_2O$）1.57 g，六水氯化钴 $[CoCl_2 \cdot 6H_2O]$ 1.61 g，去离子水 1 000 mL。pH=7.0。

（5）反硝化性能测定培养基（DM）：KNO_3 0.361 g，二水柠檬酸钠（$C_6H_5Na_3O_7 \cdot 2H_2O$）1.31 g，乙酸钠（$CH_3COONa$）1.10 g，$KH_2PO_4$ 1.0 g，七水硫酸镁（$MgSO_4 \cdot 7H_2O$）0.2 g，K_2HPO_4 5.0 g，NaCl 0.5 g，微量元素溶液 1 mL，人工海水 999 mL。pH ≈ 7.4。

各培养基和微量元素溶液用前在 121℃ 条件下灭菌 20 min。

六、实验过程

1. 细菌富集

将从生物滤池中获取的滤料在无菌环境下剪碎后放入装有 90 mL 无菌人工海水的三角瓶中，用摇床在 200 r/min 条件下振荡 3 h。随后取上清液 10 mL 接种到 90 mL 反硝化富集培养基中，并于 30℃、转速 150 r/min 条件下培养，每隔 12 h 分别用二苯胺试剂和格里斯试剂定性检验硝酸盐和亚硝酸盐含量，当硝酸盐含量明显降低且有亚硝酸盐产生时富集下一代。如此重复富集 3 次获得四代富集培养液。

2. 细菌分离纯化及鉴定

用无菌人工海水将四代富集培养液稀释成 10^{-1}、10^{-2}、10^{-3}、10^{-4}、10^{-5}、10^{-6}、10^{-7} 和 10^{-8} 8 个梯度，分别移取 0.1 mL 稀释液在 BTB 平板上涂布，每个梯度做 2 个平行，之后在 30℃ 恒温箱中培养 2 ~ 3 d。待菌落长出后，选取变蓝的平板并挑取带蓝色晕圈的单菌落划线（每代皆做 2 个平行）。如此纯化 3 次获得四代纯化菌落。将菌落一致、生长良好的平板上的菌株接种到斜面培养基上，4℃ 保藏。

提取菌株 DNA 进行 16 S rDNA 序列分析，将测序结果与 Genbank 数据库进行 BLAST 分析确定菌株种类。

3. 反硝化性能测定

用接种环从斜面培养基上刮取适量细菌接种到装有 100 mL 活化培养基的三角瓶内，30℃、1 800 r/min 条件下培养 2 d。移取 2 mL 活化培养液接种到 100 mL 反硝化性能测定培养基中，30℃、1 800 r/min 条件下培养，分别测定其 48 h 后的硝酸盐、亚硝酸盐、氨氮的浓度变化。

七、注意事项

（1）取样：需制定严格的取样操作流程，并备好灭菌容器，确定取样地点、取样工具。在无菌操作下取样；如果在现场无法进行无菌操作，至少需要做到在不受取样工具以外的因素的影响下取样。

（2）分离：备好目标菌需要的分离培养基、培养皿、接种棒（带接种环）、酒精灯、无菌操作台；将培养基灭菌后制无菌平板，在无菌操作台内用接种棒挑取样品，划线接种于培养基上。

（3）纯化：将长好目标菌的平板放在无菌操作台内，用无菌接种棒挑取典型单菌落，并在新的无菌平板上划线纯化。

（4）培养：目标菌出现单菌落后，进行生化和测序鉴定，鉴定成功后保存。

八、思考题

（1）好氧反硝化细菌对于循环水养殖有何意义？

（2）应如何在循环水养殖系统中应用好氧反硝化细菌？

臭氧/紫外线杀菌消毒装置效率的测定

一、实验目的

（1）熟悉臭氧/紫外线消毒的基本流程。

（2）加深对臭氧/紫外线消毒方法工作原理的理解。

（3）掌握利用臭氧/紫外线对污水进行消毒的实验方法。

二、实验原理

臭氧是一种强氧化剂和消毒剂，已被证实能快速有效地杀死养殖水体中病毒、细菌和原生动物，而且还可氧化生物难以降解的有机物和硝酸盐，有助于循环系统固体颗粒的去除，增强循环系统运行的稳定性。但是臭氧稳定性差，高浓度臭氧处理污水成本高，且过高残留浓度对养殖对象有毒害作用。

臭氧杀菌消毒系统就是将产生的臭氧通过气液接触装置使之与水充分混合，经过一定的接触时间之后，再将尾气处理的一种水处理系统。影响臭氧接触装置消毒效果的主要因素包括臭氧浓度、接触装置构造、接触时间等。

紫外线（UV）根据波长范围可以分为UVA（315～400 nm）、UVB（280～315 nm）、UVC（200～280 nm）和UVD（100～200 nm）4个波段。其中UVC杀菌作用最强，一般称之为紫外线C消毒技术，其杀菌消毒机理：紫外线对微生物的核酸可以产生光化学危害，核酸生物活性因吸收紫外线发生改变，从而引起微生物体内蛋白质和酶的合成障碍并导致结构发生变异，使微生物死亡。UVC处于微生物吸收峰范围之内，可以在几秒之内通过破坏微生物的DNA结构杀死病毒和细菌。

影响紫外线消毒装置杀菌效果的主要因素有微生物种类、水层厚度、紫外线剂量、水体透光率等。

三、教学重点与难点

教学重点：臭氧、紫外线消毒基本流程，臭氧、紫外线消毒效果的影响因素。

教学难点：臭氧、紫外线消毒效果的影响因素。

四、实验学时数

实验学时数：2学时。

五、实验准备

臭氧发生器（图3-18-1、图3-18-2）、紫外线消毒装置（图3-18-3、图3-18-4）、水泵、流量计、光学显微镜、细胞计数板、盖玻片、载玻片、烧杯、滴管等。

图3-18-1　臭氧发生器实物图

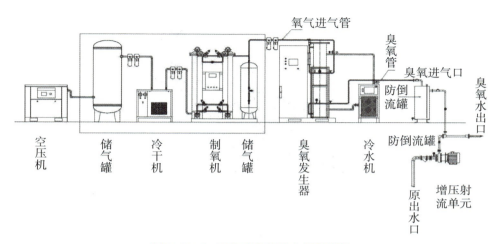

图 3-18-2　空气源臭氧发生器原理图

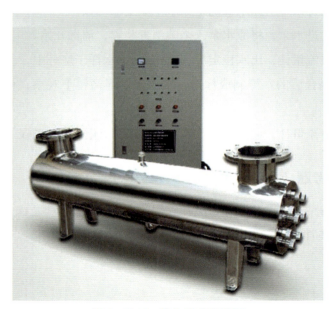

图 3-18-3　紫外线消毒装置

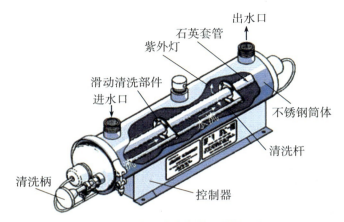

图 3-18-4　紫外线消毒装置结构示意图

六、实验过程

（1）收集循环水处理系统出水作为杀菌消毒系统（臭氧杀菌消毒系统、紫外线杀菌消毒系统）原水，测定原水中原生动物数目。

（2）启动进水泵，将原水泵入杀菌消毒装置，消毒开始。

（3）调整流量计，出水稳定后，取 100 mL 水样于烧杯中。

（4）将混合后的水样制成标本，置于光学显微镜下观察，计算存活的原生动物数。

（5）调整流量计，使进水流量和气流量分别变化，重复步骤（3）和（4）。

七、思考题

（1）影响臭氧消毒和紫外线消毒效率的主要因素有哪些？

（2）臭氧消毒和紫外线消毒各有何利弊？

实验 19

循环水养殖系统增氧设备效率的测定

一、实验目的

了解曝气装置在清水中的充氧率和动力效率。

二、实验原理

空气中的氧向水中转移的机制，一般用双膜理论来解释。当气水两相作相对运动时，气水两相接触界面的两侧分别存在着气体边界层（气膜）和水边界层（液膜），氧在气相主体内以对流扩散方式到达气膜，再以分子扩散方式通过气膜和液膜，最后以对流扩散方式转移到水相主体。因为对流扩散的阻力比分子扩散的阻力小得多，所以氧的转移阻力集中在双膜上。

根据传质原理，氧向水中转移速率与水中亏氧量及气水两相接触面积成正比，即

$$\frac{\mathrm{d}c}{\mathrm{d}t} = K_{\mathrm{L}}\frac{A}{V}(C_{\mathrm{s}} - C_t) \qquad (3-19-1)$$

式中，$\dfrac{\mathrm{d}c}{\mathrm{d}t}$——氧气浓度随时间的变化率；

　　　K_{L}——氧气传输系数（cm/h）；

　　　A——气水两相接触面积（cm^2）；

　　　V——水的体积（cm^3）；

　　　C_{s}——实验条件下水中饱和溶解氧浓度（mg/L）；

　　　C_t——t时刻水中实际溶解氧浓度（mg/L）。

正在运行的增氧设备的氧转移系数（K_L）及气-液界面面积（A）难以测定，通常将 A/V 与 K_L 合并成氧的总传递系数（K_{La}）。将上式积分可求得：

$$K_{La} = \frac{2.3 \left[\lg(C_s - C_1) - \lg(C_s + C_2) \right]}{t_2 - t_1} \qquad (3-19-2)$$

式中，K_{La}——实验条件下氧的总传递系数（min^{-1}）；

C_s——实验条件下水中饱和溶解氧浓度（mg/L）；

C_1、C_2——分别为 t_1 和 t_2 时刻水中实际溶解氧浓度（mg/L）；

t_1、t_2——氧转移过程中任意两个时刻（min）。

增氧设备充氧能力（Q_S）用经验公式（3-19-3）计算：

$$Q_S = 0.55 b K_{La} V \qquad (3-19-3)$$

式中，Q_S——增氧设备的充氧能力（kg/h）；

V——水的体积（cm^3）；

b——K_{La} 的修正系数，用于将实验条件下的溶解氧换算成标准状态下的溶解氧。可查表 3-19-1 获得；

0.55——单位换算系数。

式（3-19-3）中的 0.55（单位换算系数）的计算公式为

$$0.55 = \frac{(C_{SS} - C_0) \times 60}{1\,000} \qquad (3-19-4)$$

式中，C_{SS}——标准状态下氧气在清水中的饱和溶解度，$C_{SS} = 9.17$ mg/L；

C_0——测定开始时间的溶解氧，对于脱氧清水，$C_0 = 0$；

60——充氧时间由 h（小时）换算为 min（分钟）；

1 000——C_{SS} 单位由 mg/L 换算为 kg/m^3。

表 3-19-1　溶解氧换算表

b	C_s/（mg/L）	$T/\text{℃}$
1.533	12.48	6
1.434	11.87	8

b	$C_s/$ (mg/L)	$T/℃$
1.344	11.33	10
1.302	11.08	11
1.263	10.83	12
1.225	10.60	13
1.189	10.37	14
1.158	10.15	15
1.121	9.95	16
1.089	9.74	17
1.085	9.54	18
1.029	9.35	19
1.000	9.17	20
0.973	8.99	21
0.940	8.83	22
0.921	8.68	23
0.896	8.53	24
0.872	8.39	25
0.850	8.22	26
0.828	8.07	27
0.807	7.92	28

氧的利用系数（η）按式（3-19-5）计算：

$$\eta = \frac{Q_s}{0.298Q} \times 100\% \qquad （3-19-5）$$

式中，η——氧的利用系数，无量纲；

  Q——充气量（m^3/h）；

  Q_S——增氧设备的充氧能力（kg/h）；

  0.298——在标准状态下 $1\,m^3$ 空气含氧 0.298 kg。

增氧设备的动力效率（E）按式（3-19-6）计算：

$$E = \frac{Q_S}{N} \qquad\qquad （3-19-6）$$

式中，E——增氧设备的动力效率 [kg/（kW·h）]；

  Q_S——增氧设备的充氧能力（kg/h）；

  N——输入功率（kW）。

曝气设备的好坏应以充氧能力和动力效率两项指标综合衡量。

在活性污泥法中，空气在混合液中扩散，给微生物供氧，氧向污水中的转移速率表示为

$$\frac{dc}{dt} = \alpha \cdot K_{La} \cdot \beta \cdot (C_S - C_t) \qquad\qquad （3-19-7）$$

式中，α——污水的氧转移系数；

  β——污水的氧饱和系数，根据无菌的泥合液水样测定，一般为 0.9 左右。

  C_S——水中饱和溶解氧（mg/L）；

  C_t——t 时刻水中实际溶解氧（mg/L）。

在稳定运行的活性污泥系统中（气压、水温、污水性质、水流的紊流程度等条件稳定），氧的转移速率（dc/dt）等于微生物对氧的利用率 [γ, mg/（L·h）]。

$$\alpha \cdot K_{La} = \frac{\gamma}{\beta \cdot (C_S - C_t)} \qquad\qquad （3-19-8）$$

三、教学重点与难点

教学重点：增氧设备清水中充氧性能测定的方法。

教学难点：测定不同增氧设备氧的总传递系数（K_{La}）、氧的利用系数（η）、增氧设备的动力效率（E），并进行比较。

四、实验学时数

实验学时数：2 学时。

五、实验准备

平板叶轮表面曝气装置结构示意图，如图 3-19-1 所示。

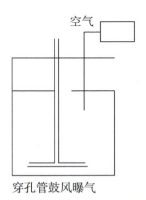

空气

穿孔管鼓风曝气

图 3-19-1 平板叶轮表面曝气装置结构示意图

六、实验过程

（1）在水槽中注入一定量的清水，测定其溶解氧。投入还原剂亚硫酸钠及催化剂氯化钴，投量：每 1 mg/L 的氧需 8 ~ 12 mg/L 亚硫酸钠和 2 mg/L 氯化钴。彻底混合水槽中的水以去除溶解氧，一般1 ~ 2 min 即能把氧除掉。

（2）在一定条件下，开动曝气装置。用溶氧仪每隔 1 min（5 min 之前每 0.5 min 测 1 次）测定水中的溶解氧。溶氧仪的探头应放置在水深一半处。

运行条件可采用下列数据：

平板叶轮表面曝气：叶轮圆周线速度 3 ~ 4 m/s，叶轮浸深1 ~ 5 cm。

（3）实验过程中测定曝气装置的有关数据，列表整理计算曝气装置的充氧能力、氧利用系数、动力、动力效率。

七、实验结果

如表 3-19-2 所示记录实验结果。

表 3-19-2　实验结果记录表

序号				水槽水中溶解氧变化/（mg/L）	充氧过程/min	1	
水槽	直径/m					2	
	水深/m					3	
	容积/m³					4	
叶轮	直径/m					5	
	叶片数					6	
运行条件	转速/（r/min）					7	
	线速/（m/s）					8	
	浸深/cm					9	
	水质					10	
	水温/℃					11	
电机耗电	输入功率/kW					12	
	输出功率/kW					13	
饱和溶解氧	理论值/（mg/L）					14	
	实测值/（mg/L）					15	
K_{La}			动力效率 [E, kg/（kW·h）]				
充氧能力（Q_s, kg/h）			备注				
氧气利用系数（η）							

八、注意事项

（1）实测饱和溶解氧时，一定要在溶解氧稳定后进行。

（2）水温宜取实验开始、中间、结束时实测值的平均值。

九、思考题

（1）增氧设备有哪些类型？各类型增氧设备的动力效率有何区别？

（2）测定增氧设备充氧性能指标为何要用清水？

设计性实验

硝化反应生物滤池设计

一、实验目的

（1）通过浸没式生物滤池模型实验，掌握浸没式生物滤池的构造与设计原理。

（2）通过模型演示实验，掌握浸没式生物滤池处理系统的特征。

（3）通过浸没式生物滤池设计过程，掌握浸没式生物滤池净化效率的影响因素。掌握一般生物过滤装置的设计步骤和设计要点。

二、实验原理

浸没式生物滤池是在池内填充砂粒、陶粒、聚乙烯等惰性填料，污水浸没并流经全部填料，污水中的污染物在填料上生物膜中的微生物新陈代谢作用下得到去除的装置。

浸没式生物滤池的设计过程中要考虑的主要因素包括氨氮、亚硝酸盐、硝酸盐、固体颗粒等污染物最大荷载量，以及处理水量、供氧量等。

1. 设计要点

（1）计算污染物的负荷。

（2）实验确定滤材的污染物（氨氮、亚硝酸盐等）去除效率。

（3）确定耗氧量。

（4）确定生物滤池构造。

2. 设计具体步骤

（1）确定污染物的负荷：使用鱼类代谢测定的数据或实际生产测定的数据。

（2）确定鱼类对污染物的耐受水平（氨氮、亚硝酸盐、硝酸盐、固体颗粒）。

（3）计算鱼类的氧气消耗量：用静水法和流水法。

（4）计算养殖系统的承载能力：系统能养殖的鱼的最大数量。

（5）计算系统的流量：整个系统的水流量。

（6）计算污染物初始浓度：养殖系统水流一次通过时的污染物浓度。

（7）养殖系统水流循环利用时的污染物浓度变化系数：鱼对污染物的耐受水平与污染物初始浓度的比值。

（8）计算生物过滤装置的污染物净化效率：以百分比、单位体积或单位比表面积表示。

（9）确定生物过滤装置中总的污染物负荷：每天的污染物负荷。

（10）计算生物滤池水力停留时间（HRT）。

（11）确定过滤装置的容量特别是它的表面积。

（12）确定生物过滤装置的尺寸。

（13）确定生物过滤装置的氧气供给量：污染物（氨氮、亚硝酸盐等）氧化需氧量（O_B）、生物滤池供给溶解氧含量（O_A）。

（14）修改装置以确保氧气供给：需满足 $O_A > O_B$。

三、教学重点与难点

教学重点：浸没式生物滤池的构造与设计原理，设计要素。

教学难点：浸没式生物滤池的设计步骤。

四、实验学时数

实验学时数：2 学时。

五、实验准备

生物滤池模型、分光光度计等测定用的仪器和试剂。

浸没式生物滤池结构示意图如图 4-20-1 所示。循环水养殖实际生产过程中常采用多级生物池以提高污水净化效率。请扫右下方二维码观看三级生物滤池运行视频。

三级生物滤池
（视频由青岛越洋水产科技有限公司提供）

图 4-20-1　浸没式生物滤池结构示意图

六、实验过程

（1）计算系统水质负荷（O_2、CO_2、总氨氮和总悬浮固体颗粒）。

（2）基于控制水质负荷的要求计算水流量。

（3）计算养殖鱼类产生的总氨氮。

（4）根据区域总氨氮去除率计算去除总氨氮所需填料的表面积。

（5）根据所用填料的所需面积和比表面积计算所需填料的体积。

（6）计算生物滤池的横截面积。

（7）根据生物滤池的横截面积和体积计算生物滤池的深度。

七、思考题

（1）介绍浸没式生物滤池的工作原理和注意事项。

（2）介绍浸没式生物滤池的设计步骤。

纯氧接触系统设计流程

一、实验目的

（1）掌握纯氧接触系统的构造和原理。

（2）通过设计过程，掌握纯氧接触系统设计流程和设计要点。

二、实验原理

空气是由体积分数为 20.946% 的氧气、78.084% 氮气、0.934% 氩、0.032% 二氧化碳和其他微量气体组成。气压亦指大气压，是大气中各种气体所施加分压之和，每种气体的分压与该气体的摩尔分数成正比。

气体在水中的溶解度取决于其温度、盐度、气体组成和总压力。结合溶解氧和溶解氮的饱和浓度，根据享利定律计算氧气和氮气的分压。

纯氧接触系统主要由氧气发生装置、控制氧气流速的控制组件，促进氧气和水接触的接触装置等组成。接触装置的种类主要包括U型管、喷射塔、低速气泡接触器、侧流氧气喷射器和填充塔等。

纯氧接触系统的设计过程中要考虑的因素较多，简要的设计要点及流程如下。

1. 确定养殖场基本环境因素

养殖场基本环境因素有水温、水流、水流中溶解气体浓度、气压。

2. 确定养殖品种对溶解气体含量的要求

溶解气体包括氧气和氮气。

3. 根据养殖量和养殖场条件估算需氧量

根据养殖场养殖品种的养殖量、养殖场具备的增氧系统硬件条件估算需氧量。

4. 确定适合供氧量的纯氧接触系统类型

根据气源、需氧量、气压、氧气输送速率、渗透系数等，基于减少建造成本的原则确定适合的纯氧接触系统类型。

三、教学重点与难点

教学重点：纯氧接触系统的构造与设计原理，设计要素。

教学难点：纯氧接触系统的设计步骤。

四、实验学时数

实验学时数：2 学时。

五、实验过程

以填充塔为例简要概述纯氧接触装置的设计步骤。

（1）选择初始层深度和填充类型并计算气体相应的渗透系数。

（2）利用气体溶解度方程及步骤（1）中修正后的渗透系数分别计算填充塔内溶解氧和溶解氮的饱和浓度。

（3）用亨利定律并结合步骤（2）得出的气体饱和浓度，计算氧气和氮气相位的局部分压。

（4）计算填充塔内的总压力。

（5）计算氮氧的气相摩尔系数。

（6）计算填充塔内氧气的摩尔流速度。

（7）将氧气的摩尔流速度转变为标准的容量流速度，代入理想气体定律。

（8）计算有效气液比。

（9）根据水力负荷率和气流量负荷确定填充塔的横截面积。

（10）建立包含氧气渗透效率和氧气吸收效率的标准执行指数。

六、思考题

（1）纯氧接触系统设计的基本原则是什么？

（2）如果氧气渗透效率和氧气吸收效率不够理想，应如何处理？

实验 22

臭氧水处理系统设计

一、实验目的

（1）掌握臭氧水处理系统的构造和原理。

（2）通过设计过程，掌握臭氧水处理系统设计步骤流程和设计要点。

二、实验原理

臭氧水处理系统是将产生的臭氧通过气液接触装置使之与水充分混合，经过一定的时间，再将尾气处理的一种水处理系统。影响臭氧杀菌消毒系统杀菌效果的主要因素包括臭氧浓度、接触装置构造、接触时间等。

臭氧水处理系统的设计过程中要考虑的因素较多，简单的设计流程包括：

（一）可行性研究

1. 初步论证

（1）臭氧用途：氧化、充氧和消毒等。

（2）水质，如浓度、色度、浊度、COD 和 BOD 等。

（3）待处理的水量。

（4）确定臭氧的用途。

2. 预试验

预试验包括实验室实验和半生产性试验。实验室实验确定臭氧应用的最佳浓度、最佳接触时间、是否需要臭氧脱气池；半生产性试验确定臭氧应用的地点、臭氧需求量。

3. 现场调研

到臭氧水处理系统建设现场以及类似的臭氧水处理厂进行调研，可为臭氧水处理系统设计参数、设备和工艺设计、臭氧水处理系统运行及维护等方面的设计提供极大的帮助。

4. 初步设计

确定臭氧水处理系统的总臭氧需求量，确定接触器的类型和尺寸，确定臭氧发生器的原料气及来源，估算臭氧水处理系统的总体建设费用及运行维护费用。

（二）正式设计

详见实验过程。

三、教学重点与难点

教学重点：臭氧水处理系统的构造与原理，以及设计要素。

教学难点：臭氧水处理系统的设计步骤。

四、实验学时数

实验学时数：2学时。

五、实验过程

1. 工艺确定、设备图纸绘制或准备

（1）拟处理的液体或气体的设计特征，包括流量。

（2）水体中臭氧的浓度。

（3）原料气（空气、氧气等）的含氧量和总量。

（4）气体臭氧发生机组的数量。

（5）接触装置的尺寸和数量。

（6）主要监测传感器的数量和型号。

（7）系统控制，包括连锁和自动切断装置。

（8）臭氧发生器冷却装置。

2.设备选择

（1）气体制备，需要精心选择气体制备设备，以确保原料气的质量。

（2）供电系统。

（3）臭氧发生装置选择的依据：

1）装置的设计能力。

2）需要何种原料气。

3）臭氧需求量的设计变化。

4）要求何种程度的控制。

5）需要何种程度的维护。

（4）溶解，包括尾气分解和臭氧溶解装置选择的依据。

1）臭氧溶解装置选择的依据：

a.臭氧处理过程是传质控制还是反应速率控制的？

b.水头大小。

c.整个系统的可用气体压力。

d.臭氧利用程度。

e.液体臭氧的摄取率。

f.场地限制因素。

2）尾气处理装置选择依据：

a.臭氧浓度可以降到要求极限。

b.投资低，易操作。

c.安全可靠。

d.使用寿命长。

（5）控制设备以及仪表。

1）臭氧处理控制设备。

a.手动操作控制设备——手动取样。

b.手动操作控制设备——自动取样。

c. 闭路控制设备——自动取样器。

d. 全计算机控制设备——自动取样器。

2）根据监测的基本要求选择原料气供气控制设备及仪表。

a. 原料气流量。

b. 供气气压。

c. 原料温度。

d. 冷却温度。

e. 功率消耗。

（6）建筑材料。

1）管道：高质量不锈钢。

2）阀门：不锈钢衬里。

3）垫圈材料：氟橡胶，或者硅橡胶等。

4）混凝土材料。

（7）环境评估。

1）噪音水平：制定容许噪音水平。

2）空气质量：设立检测和通风设备。

3. 设计图纸和说明书

（1）必须具体明确。

（2）标明实际功率消耗。

（3）预选关键设备，标明设备检验的程序和条件。

4. 建造、运行和维护

（1）建造：最好选择有经验的建筑企业。建造完成后，必须进行试运行。

（2）运行：必须建立运行记录。

（3）维护：供应方必须签订几年的维护合同。

5. 臭氧水处理系统设计说明

整合上述设计材料，撰写臭氧水处理系统设计说明。

六、思考题

（1）臭氧水处理系统设计时，主要应考虑哪些因素？

（2）如何实现臭氧水处理系统设计的经济性？

循环水养殖系统设计流程

一、实验目的

1. 通过模拟，掌握循环水养殖系统的构造与原理。

2. 通过设计过程，掌握循环水养殖系统设计时的主要因素。掌握一般水处理系统的设计步骤和设计要点。

二、实验原理

在设计水产养殖水处理系统的时候，预测系统的容量是非常重要的。在水体循环使用的高强度设施中，系统的容量显得更加重要。如果没有这方面的理论知识，设计的养殖容量超过系统的最大安全生产能力，将会导致生产率的下降、饲料转化率的增加，更为严重的是，导致鱼体健康水平下降，疾病发生率和死亡率升高。另外，系统容量的错误估计还可能会导致生产能力的利用不足。这也会造成经济浪费。

循环水养殖系统设计方法的研究目前还处在起步阶段，有关的设计理论和方法还很不成熟，尚未形成公认的设计方法和理论。基于质量守恒物理法则，将质量平衡关系应用于循环水养殖系统设计，已在养殖工程实践中得到比较广泛的应用。

质量平衡关系的核心内容是物质的质量不能被增加或减少，只可以被转换。应用质量平衡关系设计养殖工程时，需做如下假设：

（1）养殖系统必须是封闭的，可以看作一个整体。

（2）养殖池的边界是限定的。

（3）养殖系统中水体混合充分，即养殖系统内所有位置的水质参数一致。

（4）养殖池内水质发生转化时，物质平衡，且可以确定质量平衡过程中发生的转化。

当完成这些步骤以后，要写一个质量平衡方程式。在不稳定状态下，这个方程式可以这样写：

系统中的质量积累＝进入系统中的质量－流出系统的质量＋进入系统中的转换的质量

更简明的表达：

积累＝输入－输出＋生产量－消费量

在稳定的状态下，方程式进一步简单化。稳定的状态没有什么变化，也就意味着没有积累。这样一来，质量平衡方程式可以变为

0＝输入－输出＋生产量－消费量

或者

输入＋生产量＝输出＋消费量

三、教学重点与难点

教学重点：容量计算和各种水处理设备配置。

教学难点：整合系统设计。

四、实验学时数

实验学时数：3学时。

五、实验准备

收集各种水处理设备性能参数材料。

图4-23-1所示为挪威AKVA循环水养殖系统结构示意图；图4-23-2所示为山东省莱州明波水产有限公司石斑鱼循环水养殖系统实景图。

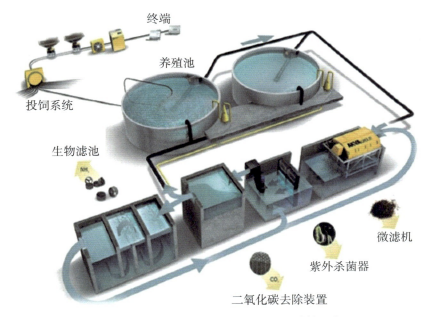

图 4-23-1　挪威 AKVA 循环水养殖系统结构示意图

图 4-23-2　莱州明波水产有限公司石斑鱼循环水养殖系统实景图

六、实验过程

1. 流量的确定

（1）基于溶解氧水平确定流量。

（2）基于控制氨氮确定流量。

（3）基于控制硝酸态氮确定流量。

（4）基于生物过滤装置中保持稳定的溶解氧来确定必需的流量。

2. 确定系统的承载能力

（1）基于溶解氧水平确定养殖系统的容量。

（2）基于总氨氮量确定养殖系统的容量。

3. 各种水处理设备配置

根据养殖对象适宜的环境条件、养殖系统的容量、流量确定循环水泵、物理过滤装置、生物过滤装置、增氧设备、控温设备等的配置。

4. 工艺讨论

封闭式循环水养殖系统是当前世界上先进养殖模式的代表，也是未来养殖产业发展的重要方向，其工艺流程设计与养殖品种、养殖密度、温度、地理位置等密切相关。请扫下方二维码观看典型鱼类封闭式循环水养殖系统运行视频。

鱼类封闭式循环水养殖系统
（视频由青岛海兴智能装备有限公司提供）

七、思考题

（1）水处理系统设计时主要考虑的因素？

（2）水处理系统设计步骤？

（3）水处理系统设计实例。

集约化水产养殖，是通过采用工程技术，部分或完全控制养殖生物速生所需要的环境条件，以提高养殖密度，增加产量，减少水和能源消耗，降低环境污染的养殖模式。在水处理系统设计过程中需不断提高规模化、集约化程度。请扫下方二维码观看集约化水产养殖系统设计流程视频。

集约化养殖系统

（视频由青岛越洋水产科技有限公司提供）

第五部分

研究性实验

一、研究性实验的基本程序

二、研究性实验参考题目

一、研究性实验的基本程序

（一）研究性实验设计的基本要素

1. 处理因素

研究者根据研究目的施加于实验单位，在实验中需要观察并阐明其效应的因素，即处理因素。可以是生物、理化、心理、社会等因素，也可以是机体本身内在对机体有影响的因素。

（1）处理因素与非处理因素的确定。

（2）处理因素水平的选定和组合：单因素单水平、单因素多水平，多因素单水平、多因素多水平的实验研究。

（3）处理因素的标准化：处理因素在整个实验研究中应始终如一，保持不变。

2. 实验单位

实验单位亦称受试对象或实验对象，为处理因素作用的客体，是接受处理因素的基本单位。根据实验单位的不同，实验性研究分为动物实验研究、临床试验研究和现场试验研究。实验单位可以选择人、动物、植物、离体器官、组织、细胞、亚细胞、血清或其他体液等生物材料。

3. 实验效应

处理因素作用于实验单位后引起的某种反应，可通过具体的指标来反映。在选择效应指标时要注意指标的关联性、客观性、精确性、特异性和敏感性。

（二）研究性实验设计的基本原则

1. 对照原则

对照就是在实验中设置与处理组相互比较的对照组。设置对照组的目的是排除非研究因素对实验结果产生的偏差。

对照的形式有以下几种。

（1）空白对照：设立不施加任何处理或干预因素的对照。

（2）条件对照：给实验对象施以某些额外的实验处理。

（3）标准对照：用现有标准值或正常值作对照。

（4）相互对照：几个有效处理的实验组互为对照。

（5）自身对照：实验组与对照组都在同一实验对象上进行，不另设对照。

2. 随机原则

指在实验分组时，每个实验单位都有相同的概率被分到实验组和对照组，保证各组间非处理因素均衡一致。

3. 重复原则

指在相同实验条件下，进行多次实验或观察，重复程度表现为样本含量的大小和重复次数的多少。

（三）研究性实验设计分法

1. 完全随机实验设计

亦称简单随机分组设计，即将实验单位随机分配到各个处理组（水平）中，或者分别从不同总体中随机抽样进行对比观察。

2. 配对实验设计

将实验单位按某些特征或条件（可能影响实验结果的主要非研究因素）配成对子（非随机），再将每对中的两个实验单位随机分配到实验组和对照组（或不同的处理组）中，给予不同的处理。配对结果组内可不一致，组间尽可能一致。

3. 随机区组实验设计

先将实验单位按区组因素相同或相近组成区组，再分别将各区组内的实验单位随机分配到各处理组或对照组。

4. 正交实验设计

正交实验设计是研究多因素多水平的一种实验设计方法。根据正交性从全面实验中挑选出部分有代表性的点进行实验，这些有代表性的点具备均匀分散、齐整可比的特点。正交实验设计是分式析因设计的主要方法。当实验涉及的因素在3个或3个以上，而且因素间可能有交互作用时，实验工作量就会变得很大，甚至难以实施。针对这个困扰，正交实验设计无疑是一种更好的选择。正交实验设计的主要工具是正交表。实验者可根据实验的因素数、因素的水平数以及是否具有交互作用等查找相应的正交表，再依托正交表的正交性从全面实验中挑选出部分有代表性的点进行实验，实现以最少的实验次数达到与大量全面实验等效的结果。因此，应用正交表设计实验是一种高效、快速而经济的多因素实验设计方法。

二、研究性实验参考题目

（1）实验24：固体颗粒粒径分布对养殖鱼类的影响研究。

（2）实验25：固体颗粒粒径分布对固体颗粒去除设备效率的影响研究。

（3）实验26：循环水养殖系统生物滤池碳源释放利用研究。

（4）实验27：循环水养殖系统生物滤池微生物群落结构动态变化研究。

实 验 24

固体颗粒粒径分布对养殖鱼类的影响研究

一、实验目的

（1）了解循环水养殖系统中固体颗粒粒径分布的影响因素。

（2）了解和掌握循环水养殖系统中固体颗粒的粒径分布及其对养殖鱼类的影响。

二、实验原理

固体颗粒的来源决定了颗粒的比重，而粒径的分布是多种因素综合影响的结果，包括颗粒去除的工艺、颗粒的来源、饲料的属性、鱼的大小、水体的温度以及循环水养殖系统水流的扰动。

循环水养殖系统中固体颗粒，尤其是微小粒径的固体颗粒会直接损害鱼鳃，堵塞生物过滤装置，限制养殖系统的承载能力，降解产生氨和其他有害产物并消耗系统中的氧气，进而影响养殖鱼类的生长和存活。

三、实验过程

学生以 3 ~ 4 人为一课题组，按照实验目的，选取养殖对象，采用科学的实验设计方法进行实验设计，确定实验技术路线和实验步骤，准确测定实验结果并进行数据分析。以课题组的形式实施与总结，以课程论文为标志成果。

实 验 **25**

固体颗粒粒径分布对固体颗粒去除设备效率的影响研究

一、实验目的

（1）掌握循环水养殖系统中固体颗粒粒径分布的测定方法。

（2）了解和掌握循环水养殖系统中固体颗粒的粒径分布对固体颗粒去除设备效率的影响。

二、实验原理

固体颗粒的来源决定了颗粒的比重，而粒径的分布是多种因素综合的结果，包括颗粒去除的工艺、颗粒的来源、饲料的属性、鱼的大小、水体的温度以及循环水养殖系统水流的扰动。

不同类型的固体颗粒去除设备采用的固体颗粒去除方法也不相同，通常采用重力分离、过滤、悬浮分离等方式。微小颗粒无法采用重力分离或者过滤方式去除。

三、实验过程

学生以 3 ~ 4 人为一课题组，按照实验目的，选取固体颗粒去除设备，采用科学的实验设计方法进行实验设计，确定实验技术路线和实验步骤，准确测定实验结果并进行数据分析。以课题组的形式实施与总结，以课程论文为标志成果。

循环水养殖系统生物滤池碳源释放利用研究

一、实验目的

（1）掌握常规有机碳源、植物碳源、可生物降解聚合物的碳源释放测定方法。

（2）掌握常规有机碳源、植物碳源、可生物降解聚合物碳源对循环水养殖系统生物滤池脱氮性能的影响。

二、实验原理

反硝化生物滤池可用于养殖污水的生物脱氮，其作用原理是利用反应器中的厌氧或缺氧环境，培养以反硝化菌为优势菌种的微生物并在滤料上形成生物膜，利用有机碳源为电子供体，通过反硝化作用将水中的硝酸盐氮转化为氮气，从而实现养殖污水的脱氮。针对碳源对反硝化生物滤池的研究是目前的研究热点。

常用的有机碳源包括甲醇、乙醇、葡萄糖等。

植物细胞壁主要由纤维素、半纤维素和木质素三部分组成，其被分解后会产生糖类和少量营养元素，不仅可以为微生物提供反硝化所需要的碳源，还可以促进微生物的生长。因具有来源广泛、取材方便、经济安全等优点，植物碳源在循环水养殖水处理系统工程中的应用研究备受关注。常见的植物碳源有稻草、木屑、玉米秸秆、香蒲等。

可生物降解聚合物（BDPs），目前主要有聚丁二酸丁二醇酯（PBS）、聚己内酯（PCL）、聚乳酸（PLA）、3-羟基丁酸和3-羟基戊酸共聚酯（PHBV）、己二酸丁二醇酯–对苯二甲酸丁二醇酯的共聚物（PBAT）等。

三、实验过程

学生以3~4人为一课题组，按照实验目的，选取碳源，采用科学的实验设计方法进行实验设计，确定实验技术路线和实验步骤，准确测定实验结果并进行数据分析。以课题组的形式实施与总结，以课程论文为标志成果。

循环水养殖系统生物滤池微生物群落结构动态变化研究

一、实验目的

（1）掌握生物滤池微生物群落结构的测定方法。

（2）掌握循环水养殖系统生物滤池不同时期、不同处理因素下的微生物群落结构动态变化。

二、实验原理

循环水养殖系统的核心环节是生物过滤，其主要功能是通过硝化细菌的作用，将氨氮转变成为毒性较小的硝态氮。生物过滤器内生物膜的培养与维护是整个系统有效运行的关键，也是循环水养殖水处理研究的热点和难点。而生物过滤的关键是生物过滤器内部微生物的群落结构及组成，它决定生物过滤功能的特性和强弱，是循环水养殖系统实现水质稳定的重要保证。

研究循环水养殖生物过滤器内原核微生物群落结构的方法有末端限制性片段长度多态性（T-RFLP）分析、聚合酶链式反应 - 变性梯度凝胶电泳（PCR-DGGE）检测、16S rRNA 克隆文库构建与分析、高通量测序等。

三、实验过程

学生以 3 ~ 4 人为一课题组，按照实验目的，选取循环水养殖系统，采用科学的实验设计方法进行实验设计，确定实验技术路线和实验步骤，准确测定实验结果并进行数据分析处理。以课题组的形式实施与总结，以课程论文为标志成果。

参 考 文 献

陈钊，宋协法，黄志涛，等.循环水养殖系统中好氧反硝化细菌的分离和应用 [J].中国海洋大学学报，2018，48（8）：27-33.

黄志涛，宋协法，李勋，等.基于高通量测序的石斑鱼循环水养殖生物滤池微生物群落分析 [J].农业工程学报，2016，32（1）：242-247.

李秋芬，傅雪军，张艳，等.循环水养殖系统生物滤池细菌群落的PCR-DGGE分析 [J].水产学报，2011，35（4）：579-586.

刘鹰.工厂化养殖系统优化设计原则 [J].渔业现代化，2007，34（2）：8-9.

刘鹰.水产工业化养殖的理论与实践 [M].北京：海洋出版社，2014.

孙琳琳，宋协法，李甍，等.外加植物碳源对人工湿地处理海水循环水养殖尾水脱氮性能的影响 [J].环境工程学报，2019，13（6）：1382-1390.

张海耿，马绍赛，李秋芬，等.循环水养殖系统（RAS）生物载体上微生物群落结构变化分析 [J].环境科学，2011，32（1）：231-239.

郑瑞东，李田，刘鹰.泡沫分离法在工厂化养殖废水处理中的应用研究 [J].渔业现代化，2005，2：33-35.

中华人民共和国国家质量监督检验检疫总局、中国国家标准化管理委员会.海洋监测规范　第2部分：数据处理与分析质量控制：GB 17378.2—2007 [S].北京：中国标准出版社，2007.

中华人民共和国国家质量监督检验检疫总局、中国国家标准化管理委员会.海洋监测规范　第3部分：样品采集、贮存与运输：GB 17378.3—2007 [S].北京：中国标准出版社，2007.

中华人民共和国国家质量监督检验检疫总局、中国国家标准化管理委员会.海洋监测规范　第4部分：海水分析：GB 17378.4—2007［S］.北京：中国标准出版社，2007.

Guerdat T C，Losordo T M，Classen J J，et al. An evaluation of commercially available biological filters for recirculating aquaculture systems［J］. Aquacultural Engineering，2010，42（1）：38-49.

Michael B. Timmons，朱松明.循环水产养殖系统［M］.金光，刘鹰，彭磊，赵建，译.杭州：浙江大学出版社，2021.

Summerfelt S T，Sharrer M J，Tsukuda S M，et al. Process requirements for achieving full-flow disinfection of recirculating water using ozonation and UV irradiation［J］.Aquacultural Engineering，2009，40：17-27.